U0343993

以海为田

宋正海◎著

海天出版社（中国·深圳）

图书在版编目（CIP）数据

以海为田 / 宋正海著. — 深圳 : 海天出版社,
2015.7
（自然国学丛书）
ISBN 978-7-5507-1398-7

Ⅰ. ①以… Ⅱ. ①宋… Ⅲ. ①海洋—文化史—研究—
中国 Ⅳ. ①P7-092
中国版本图书馆CIP数据核字(2015)第140102号

以海为田
Yi Hai Wei Tian

出 品 人　聂雄前
出版策划　尹昌龙
丛书主编　孙关龙　宋正海　刘长林
责任编辑　秦　海
责任技编　蔡梅琴
封面设计　风生水起

出版发行　海天出版社
地　　址　深圳市彩田南路海天大厦（518033）
网　　址　www.htph.com.cn
订购电话　0755—83460293(批发)　83460397(邮购)
设计制作　深圳市同舟设计制作有限公司　Tel：0755—83618288
印　　刷　深圳市新联美术印刷有限公司
版　　次　2015年7月第1版
印　　次　2015年7月第1次
开　　本　787mm×1092mm　1 / 16
印　　张　16
字　　数　221千
定　　价　38.00元

总 序

21世纪初，国内外出现了新一轮传统文化热。人们以从未有过的热情对待中国传统文化，出现了前所未有的国学热。世界各国也以从未有过的热情学习和研究中国传统文化，联合国设立孔子奖，各国雨后春笋般地设立孔子学院或大学中文系。显然，人们开始用新的眼光重新审视中国传统文化，认识到中国传统文化是中华民族之根，是中华民族振兴、腾飞的基础。面对近几百年以来没有过的文化热，这就要求我们加强对传统文化的研究，并从新的高度挖掘和认识中国传统文化。我们这套《自然国学》丛书就是在这样的背景下应运而生的。

自然国学是我们在国家社会科学基金项目“中国传统文化在当代科技前沿探索中如何发挥重要作用的理论研究”中提出的新研究方向。在我们组织的、坚持20余年约1000次的“天地生人学术讲座”中，有大量涉及这一课题的报告和讨论。自然国学是指国学中的科学技术及其自然观、科学观、技术观，是国学的重要组成部分。长久以来由于缺乏系统研究，以致社会上不知道国学中有自然国学这一回事；不少学者甚至提出“中国古代没有科学”的论断，认为中国人自古以来缺乏创新精神。然而，事实完全不是这样的：中国古代不但有科学，而且曾经长时期地居于世界前列，至少有甲骨文记载的商周以来至17世纪上半叶的中国古代科学技术一直居于世界前列；在公元3世纪至15世纪，中国科学技术则是独步世界，占据世界领先地位达千余年；中国古人富有创新精神，据统计，在公元前6世纪至公元1500年的2000多年中，中国的技术、工艺发明成果约占全世界的54%；现存的古代科学技术知识文献数量，也超过世界任何一个国家。因此，自然国学研究应是21世纪中国传统文化一个重要的新的研究方向。对它的深入研究，不仅能从新的角

度、新的高度认识和弘扬中国传统文化，使中国传统文化获得新的生命力，而且能从新的角度、新的高度认识和弘扬中国传统科学技术，有助于当前的科技创新，有助于走富有中国特色的科学技术现代化之路。

本套丛书是中国第一套自然国学研究丛书。其任务是：开辟自然国学研究方向；以全新角度挖掘和弘扬中国传统文化，使中国传统文化获得新的生命力；以全新角度介绍和挖掘中国古代科学技术知识，为当代科技创新和科学技术现代化提供一系列新的思维、新的“基因”。它是“一套普及型的学术研究专著”，要求“把物化在中国传统科技中的中国传统文化挖掘出来，把散落在中国传统文化中的中国传统科技整理出来”。这套丛书的特点：一是“新”，即“观念新、角度新、内容新”，要求每本书有所创新，能成一家之言；二是学术性与普及性相结合，既强调每本书“是各位专家长期学术研究的成果”，学术上要富有个性，又强调语言上要简明、生动，使普通读者爱读；三是“科技味”与“文化味”相结合，强调“紧紧围绕中国传统科技与中国传统文化交互相融”这个纲要进行写作，要求科技器物类选题着重从中国传统文化的角度进行解读，观念理论类选题注重从中国传统科技的角度进行释解。

由于是第一套《自然国学》丛书，加上我们学识不够，本套丛书肯定会存在这样或那样的不足，乃至出现这样或那样的差错。我们衷心地希望能听到批评、指教之声，形成争鸣、研讨之风。

《自然国学》丛书主编

2011年10月

目 录

前言

德国著名哲学家黑格尔（G.W.F.Hegel, 1770－1831）在其《历史哲学》一书中提出，尽管中国靠海，尽管中国古代可能有着发达的远航事业，但是中国“并没有分享海洋所赋予的文明”，海洋“没有影响他们的文化”[①]。黑格尔是不会随意贬低乃至否定伟大中国的古代文明的，他这样说应有他的道理。西方海洋文明是从地中海、欧洲大西洋区域发展起来，主要是“以海为途”，通过海洋贸易、海盗掠夺乃至海战获得资源，发展了经济，建立起海洋文明。近代工业文明最早在欧洲发展，西方学者因而也较早对西方海洋文化、海洋文明进行了研究，占据了话语权制高点。西方海洋文化的标准最主要是商业性、开放性。黑格尔没有研究过中国古代海洋文化，自然是用西方现成的海洋文化标准来衡量中国等世界各民族有无海洋文化的。中国古代海洋文化异常发达，但主要是努力开发本国本海区的海洋资源，所以是农业性而不是商业性，虽有开放性，但远不及西方商业文化、海盗文化开放性强。黑格尔用已有的海洋文化模式评价，自然得出中国古代没有海洋文化和文明的结论。

本人是一个中国地理学史的研究者，出生在观潮胜地——浙江海宁，又五行缺水，名字加了个“海”字，因而对海有了特殊感情。“文革”后在研究室编写《中国古代地理学史》[②]时，挑选写“海洋地理”，开始了中国海洋学史、海洋文化研究工作。1989年出版《中国古代海洋学史》[③]。1987年来自北京、天津、广州的4位学者参加了第四届国际海洋学史会议

①黑格尔，《历史哲学》，三联书店，1956年，第146页。

②中国科学院自然科学史研究所地学史组主编，《中国古代地理学史》，科学出版社，1984年。

③宋正海、郭永芳、陈瑞平，《中国古代海洋学史》，海洋出版社1989年。

（汉堡）[①]。我们提交了《中国古代传统海洋学的形成和发展》论文[②]，还在会议大厅举办了中国古代海洋成就的小型图片展。中国海洋文化界认为："当代意义上的中国的海洋史研究起步于20世纪八九十年代。1987年9月，大陆学者首次赴德国汉堡参加第四届国际海洋学史大会，开始与国际海洋学界对接。"[③]

在海洋学史研究中，我们深深感觉到传统海洋学形成和发展是与社会、文化十分密切的，因而开始海洋文化史研究，研究发现中国古代有着发达的海洋文化，有力地推动中国古代社会的进步和发展；只是中国的海洋文化与西方的有大的差异，如果把西方海洋文化称为海洋商业文化，则中国的可称为海洋农业文化，两者均是世界海洋文化的基本类型，于是发表了《试论中国古代海洋文化及其农业性》一文[④]。1995年，出版了《东方蓝色文化——中国海洋文化传统》一书[⑤]。中国海洋文化界认为，自"《东方蓝色文化——中国海洋文化传统》出版以来，引起国内学术界对海洋文化的关注与研究。"于是中国的海洋文化研究机构、研讨会、刊物、文集犹如雨后春笋般涌现。[⑥]

此书出版后，个人认为中国传统海洋文化学科（从海洋科学史到海洋文化）已初步建立起来，也算初步尽到自己的学术任务，至于今后发展自有后来人，因而决定改变自己的学术方向。还有其他重要原因：（1）以叶龙飞为首的我们4位代表在第4届国际海洋学史会议上争取第5届会能在中国召开，也得到德国海洋学会等不少外国代表的支持。但回国请示后，没有得到支持；（2）之后，我们组织约20位海洋学、科学史、地理学方面的专家学者联名给中国海洋学会写信，建议在学会下成立海洋学史专业委员会并争取承办新一届国际海洋学史会。我们的建议很快得到批准，专业

---

①叶龙飞（中科院广东海洋所）；宋正海（中科院自然科学史所）；许启望、吴克勤（均为国家海洋局天津海洋情报所）。

②Song zhenghai, Guo yongfang, Chen ruiping, Ye longfei , Formation and Development of Traditional Oceanography in Ancient China(-1840 A.D.), Deutsche Hydrographische Zeitschrift, Nr. 22, 1990.

③李红岩，"'海洋史学'浅议"，《海洋史研究》第三辑，2012年5月。

④宋正海、郭廷彬、叶龙飞、刘义杰，试论中国古代海洋文化及其农业性，《自然科学史研究》1991年4期。

⑤宋正海，《东方蓝色文化——中国海洋文化传统》，广东教育出版社，1995年。

⑥赵君尧，《天问·惊世——中国古代海洋文学》，海洋出版社，2009年，第10页。

委员会很快成立，后来中国海洋学会也组织了第6届国际海洋学史会议（青岛），因此我们也算完成一个重要任务。自1990年起，特别在《东方蓝色文化——中国海洋文化传统》出版后，我全力在北京创办、组织全公益、全开放、多学科、大交叉的学术交流平台——天地生人学术讲座，旨在推动我国整体论科学发展，逐步改变还原论科学独大的局面。讲座创办至今24年，已办到第1170讲。在这期间，天地生人学术讲座参加组织了有关保卫中医、保卫传统文化；整理研究历史自然灾害异常史料；推动民间科学、相对论争鸣；复兴自然国学；组织生态文明学术研究等学术活动。特别是组织了与（还原论）科学主义的有关“反伪”与“废伪”的大辩论。

在我退出海洋文化研究期间，中国海洋文化研究突飞猛进，论文、专著发表如雨后春笋，令人欣慰。但在关于中国传统海洋文化的属性问题上有着激烈的争论，特别对我们提出的海洋文化农业性观点有着尖锐的批评。有批评总是好事，百家争鸣是学术发展的有力途径。这对我无疑是一个诱惑，所以现在我不顾年迈，决定再写一本书，这就是本书。本书所以名为《以海为田》，只是强调了中国传统海洋文化不是“以海为途”而是“以海为田”。本书是《东方蓝色文化——中国海洋文化传统》的发展。《东方蓝色文化——中国海洋文化传统》旨在全面论证中国也有灿烂的海洋文化；而《以海为田》旨在全面系统论证中国传统海洋文化的农业性而不是商业性。本书不是从定义出发推论，而是以中国传统海洋文化史实为依据，显示其明显的特殊性。

我相信本书出版会引起海洋文化界的激烈争论乃至一些学者的批判。但是我深信，只要学术界从中国传统海洋文化大量史实出发，而不是从已占据话语权的西方定义出发进行学术争鸣，那这种正常的学术争鸣必将推动我国海洋文化研究健康发展。

第一章 陆地大农业延伸的海洋大农业

靠山吃山，靠水吃水。广大沿海地区和岛屿上的居民为生存和发展，必然大力开发海洋资源。这种生活、生产模式，就是海洋农业。

海洋农业主要是开发生物资源，包括海洋采集、捕捞和养殖。但在古代也可以理解为海洋大农业，包括海盐、石灰等非生物资源开发。

尽管早在先秦，中国沿海地区就有人类活动，海洋农业有着悠久的历史，也有着典型的海洋型，生产水平较高。但从总体上看，中国的海洋农业深深打上大陆农业的印记，是陆地农业的延伸。因此我们既要看到中国古代有着发达的海洋农业，也要看到中国古代海洋农业是大陆农业的延伸和补充。

一、博大精深的海洋资源开发

我国自北而南广大沿海地区的文明发展，无不与海洋资源的开发与利用有关。海洋生物资源的开发利用在古代有着丰富的内容和形式。民以食为天，海洋生物资源开发利用以食用为主，其中也包括药用、装饰、建筑材料等其他方面。由此可见，中国古代海洋生物资源的开发利用，类似现代提倡的海洋农业。

（一）海洋食物

海洋水产，是沿海地区人民重要的肉食来源。自原始社会的渔猎时代直至今天，海洋食物经久不衰，并不断发展。海洋食物在历史上的发展历程，主要呈现出采集、捕捞和养殖三个明显的阶段。

1. 海洋采集

海洋采集起源于沿海地区的远古人类，他们在潮退之后去海滩上捡拾贝类、小鱼、海菜等生物充作食物，并且还用蚝蛎啄来打破紧紧贴在海边岩石上的牡蛎（蚝）壳，以获取其肉。漫长的石器时代留存下来的贝丘遗址，反映了

当时赶海活动的兴旺，也说明海洋采集是维持沿海地区原始人类生长繁衍的重要生产活动。从贝丘中残存的贝壳和鱼骨看，当时采集的海洋食物种类已很多。初步统计：贝类有牡蛎、海蚶、单扇蛤、丽蚌、鲍鱼、川蜷、魁蛤、文蛤、海蛏、淡水蚬等；螺类有海螺、水晶螺、小旋螺、棱芋螺、中国田螺、台湾小田螺等；此外还有龟类等海洋水产。上海马桥新石器时代遗址中出土的两个蚌窖，更证明当时某些地区的海洋采集量是很大的，除当时消耗以外，还可以贮藏起来。

新石器时代以后，由于与造船的发展相关的海洋捕捞的崛起，海洋采集已退居从属地位，但仍继续发展，采集的种类与以前大致相同。值得提出的是，这时的采集还应包括鲸。在古书中常记载有鲸在海滩搁浅或集体自杀的现象。它们的肉也随之被人们分割，充作食物。

2. 海洋捕捞

海洋捕捞在新石器时代已经开始，因为在这个时代遗存中，有网坠、鱼钩、鱼叉、鱼镖、箭镞、倒梢、竹篓等工具，也出土了进行海洋捕捞的原始舟船用的木桨。新石器时代的文化遗址中，已增加了不少鱼类，诸如鲻鱼、鳓鱼、黑鲷等以及在近海游泳迅速的蓝点马鲛。山东胶县三里河的大汶口遗址中，出土了5000年前的成堆鱼鳞。这说明当时的海洋捕捞，已形成一定规模。

殷商甲骨文中不仅有“贝”字，而且有“鱼”“渔”字。与“贝丘”联系起来考虑，这“贝”“鱼”“渔”字不能说与海产及捕捞没有关系。此外，“龟”旁的字很多，“鱼”旁的字亦不少[①]。殷墟中出土有鲸鱼骨。《竹书纪年》记载：商“帝芒十二年，东狩于海，获大鱼”。由此可见，商代时捕捞业已有了一定发展。至于此大鱼究竟是什么鱼，是捕捞的，还是在海滩上搁浅或自杀的鲸鱼，有待考证。

春秋战国时期出海捕捞十分普遍。《管子·禁藏篇》：“渔人之入海，海深万仞，就彼逆流，乘危百里，宿夜不出者，利在水也。”能够在远离海岸的深海中宿夜捕鱼，说明当时海上航行和捕鱼技术已有较高水平，捕捞规模也相当大。

①中国社会科学院考古研究所编，《甲骨文编》，中华书局。

在西周和春秋战国时期，海洋渔业和海洋盐业已成为沿海各诸侯国的主要经济活动和富国的源泉。发展这一产业，已成为当时著名政治家所推行的强国方针。《史记·齐太公世家》：齐国姜太公“修政，因其俗，通商工之业，便渔盐之利，而人民多归齐；齐为大国”，说明早在西周初齐国就注意发展海洋渔业。春秋战国时，《管子》强调：“利在海也。”《韩非子·大体篇》也强调：“历心于山海而国家富。”由此可见，靠海、吃海、用海，大力开发海洋资源，成为沿海地区特别是“海王之国”①，发展和强盛的基本方针。这也清楚地表明，中国传统海洋农业文化的基本内涵是海洋农业，主要是海洋资源的开发。

秦汉以后，沿海农业经济区广泛开发，海洋水产资源的开发随之大大加强，海洋捕捞进入全面发展时期。海洋水产知识日益增多，记载日益丰富。有关海洋水产知识的古籍也很多，可分五类：一是辞书和类书。如《尔雅》《埤雅》《说文解字》《康熙字典》《艺文类聚》《太平御览》《古今图书集成》等；二是本草著作。如《神农本草经》《新修本草》《本草拾遗》《本草纲目》等；三是渔书、水产志。如《渔书》《鱼经》《闽中海错疏》《海错百一录》《记海错》《水族加恩簿》《相贝经》《禽经》《晴川蟹录》《蟹谱》《蛎蛹考》等；四是异物志和笔记小说。如《扶南异物志》《岭表录异》《临海水土异物志》《博物志》《魏武四时食制》等；五是沿海地方志。

海洋捕捞是中国古代海洋资源开发的最主要部分，内容十分丰富，具体可分沿海渔场、捕捞技术和食用水产种类三个方面。

（1）沿海渔场

在沿海广大地区，有着新石器时代海洋文化遗址，里面所保存的海洋水产废弃物，除了海滩采集来的贝类、螺类等外，还有不少是明显地通过海洋捕捞获得的鱼类，由此可知，这应来自原始渔场。渔场的真正发展起始于春秋战国，秦汉以来发展尤为迅速。这有较多的文献记载可资证明。

辽东渔场见于文字已不少，如《史记·货殖列传》：上谷至辽东有“鱼盐枣栗之饶”。

---

①“海王之国”一词在古代只见于《管子》一书中，是专门指春秋战国中的齐国。本书则常引申泛指当时中国沿海诸侯国中的海上强国，包括南方的吴、越。

河北渔场在历史上主要分布在“与山东毗连的老黄河口外近海，海河口外及沙垒田岛附近一带近海，大清河口及滦河口外近海，秦皇岛洋河口至临榆近海等”[①]。

山东渔场。《禹贡》中青州、徐州的贡品都有鱼类。《史记·齐太公世家》提到齐国始祖姜子牙发展齐国鱼盐之利事。管仲相桓公时代，更注意开发海洋资源。齐国因而成为“海王之国”，主要是海洋农业大国。

江苏渔场主要有长江口外渔场，吕泗渔场、连云港东北渔场等，历史上早已形成。

浙江渔场开发很早。《国语》：越自建国即“滨于东海之陂，鼋龟鱼鳖之与处，而蛙龟之与同渚”；勾践当政时期，“上栖会稽，下守海滨，唯鱼鳖见矣。”《吴地记》记载，公元前505年吴王阖闾（?－公元前496）在海战时曾大量捕捞黄花鱼。这些记载说明浙江沿海渔场，特别是黄花鱼资源，早在2000多年以前就已经大规模开发了。

台湾渔场开发最早见于文字的是三国吴国沈莹的《临海水土异物志》，记载了台湾先住民与大陆百越民族同根同源的文化渊源。书中记载：台湾“土地饶沃，既生五谷，又多鱼肉……取生鱼肉，杂贮大器中以卤之，历日月乃啖食之，以为上肴”。这段记载说明早在三国时期，台湾就已有较发达的渔业。

福建渔场以金门岛及厦门附近开发较早，约有3000多年的历史。到了清代，全省沿海各渔场多有进一步发展，如深沪澳，渔梁众多，网罟相接。崇武澳，鱼鲜特盛等。

广东渔场，历史上海洋渔业以拖网活动为主，范围分为四大区：粤东汕尾渔场（珠江口以东至汕头海面一带）；粤中万山渔场（以珠江口一带为主）；七洲洋渔场（珠江口以西至海南七洲洋铜鼓角一带）；粤西北部湾渔场[②]。西沙、东沙、南沙群岛周围海域也是广东渔民的传统渔场。南海沿岸渔场，自新石器时代开始开发到汉代开始有文字记载，到清代，南海沿岸渔场多

---

①张震东、杨金森，《中国海洋渔业简史》，海洋出版社，1983年，第24－25页。后续引用，只标注书名。

②同上，第14页。

已被开发利用。考古工作者在西沙的甘泉岛，发现唐、宋时代人们食用后抛弃的鸟骨和螺、蚌壳。在永兴等岛发现了明、清时代的小庙。这些均是广东、福建渔民开辟西沙渔场的证据。最近发现的关于西沙、南沙航行的《更路簿》，以及《禹贡》半月刊7卷1－3期关于琼东、文昌渔民，在清道光初年到南沙从事渔业活动并定居的报道，均说明南海诸岛渔场在古代也早已开发。

（2）捕捞技术

新石器时代，海洋捕捞技术已有钩、网、射、镖等多种。之后，捕捞技术更有较大进步，其中最主要的是各种网捕法。下面所述的多种技术的发展，一般都是网捕法的补充手段。

光学诱捕法。在海洋捕捞中早已采用，应用广泛。黄叔璥《台湾使槎录》卷3："飞藉鱼，疑是沙燕所化，两翼尚存。渔人伺夜深时悬灯以待，乃结阵飞入舟中，甚至舟不胜，灭灯以避。"对飞藉鱼的趋光性，有人将其比作飞蛾扑火。《台海闻见录》卷2诗云："入海微禽能变化，秋来巢燕已为鱼，翻飞应悔留双翦，误学灯蛾赴火渔。"古代渔民还有用燃烧松枝等方法来诱捕乌贼、鱿鱼等。另一方法是用萤火虫装入猪尿泡（膀胱）内作为光源，放入水中诱捕鱼类。郎瑛《七修类稿》卷40："每见渔人贮萤火于猪泡，缚其窍而置之网间，或以小灯笼置网上，夜以取鱼，必多得也。以鱼向明而来之故。"《古今秘苑》卷3也记载此法："夜以猪尿泡，萤火数枚，置罾内，则鱼望明而至。"这种方法虽然简单，但十分巧妙，效果也很好。

声音探鱼法。不少鱼类在行进中发出声音，所以古代渔民广泛使用声音探鱼法来指导下网。黄花鱼是中国主要海产鱼类，鱼汛集中，捕捞中已广泛采用此法。田汝成《西湖游览志》卷24记载："杭人最重江鱼，鱼首有白石二枚，又名石首鱼。每岁孟夏，来自海洋，绵亘数里，其声如雷，若有神物驱押之者。渔人行以竹筒探水底，闻其声，乃下网截流取之。"黄花鱼实为海鱼，杭州人称它为"江鱼"，是因为在鱼汛时，有不少鱼群随潮溯钱塘江而上，到达杭州而误认为江鱼。《本草纲目·鳞部》也记载：石首鱼"每岁四月来自海洋，绵亘数里，其声如雷。渔人以竹筒探水底，闻其声乃下网截流取之"。郭柏苍《海错百一录》卷1也记有"洋山鱼能鸣，网师以长筒插水听之，闻其声则下网"。这里的洋山鱼也是黄花鱼。清李调元《南越笔记》卷10中说："黄花鱼惟大澳有之……渔者必伺暮取之。听其声稚，则知未出大澳也。声老则知

将出大澳也。声老者黄花鱼啸子之候也……取鱮及黄皮蚬、鲚、青鳞，亦皆听取声。”由此可知清代渔民不仅用声音来测黄花鱼群是否存在，而且能进一步辨别鱼声的“稚”和“老”来确定鱼群的动向和其他信息。此材料也说明，不仅黄花鱼，其他不少鱼如鱮、黄皮蚬、鲚、青鳞等水产，渔人捕捞时也是用声音来探测的。此外捕捞鯯鱼也是如此。《本草纲目》卷44：“鯯鱼出东南海中，以四月至，渔人设网候，听水中有声，则鱼至矣。”

古代海洋渔业中，人们已十分了解鱼类等水产的太阳年周期，即回游时间及其路线，以此来确定捕捞的大致时间和地点，再采用此声音探测法进行精确定位，指导下网，从而在鱼汛时就可获得高产。

声响捕鱼法。是利用鱼类害怕某些声响来驱赶鱼群，用以进行捕捞的一种方法。这在捕鱼中包括海洋捕捞，使用较广。施闰章《矩斋杂记》记载：“榔，盖船后横木之近舵者。渔人择水深鱼潜处，引舟环聚，各以二椎击榔，声如击鼓，节奏相应，鱼闻皆伏不动，以器取之，如俯而拾诸地……或击木片，长尺许，虚其前后，以足蹴之，低昂成声，鱼惊窜水中，然后罩取。亦鸣榔之义。”此方法的原理如谚语所说的“打水鱼头痛”。《海错百一录》卷1中专门设“榔”条来介绍此法，但方法似有改进，并非所有大船在捕鱼时都打榔，而是专门有小船打锣。《海错百一录》说：“以艚打锣，鱼闻锣声匿罛中，收罛而得鱼矣。”

饵料诱捕法。在中国古代捕鱼中有较多记载[①]。在海洋捕捞中也有使用的，冯贽《云仙杂记》卷8记载：“扬州太守闾丘惠僚友于转沙亭，集境内渔户，令曰：所得鱼多者有锦之赏。有一渔人，以肉物作块，散悬于网上，取鱼倍众力。凡十网得鱼三千六百，无甚小者，众惭而退。太守询之。曰：‘鱼喜鹿胎之香，适散悬者乃此物也，下网召之，万鱼毕聚也’。”至迟到明代，人们已认识到燕子肉的香味，也是鱼类颇感兴趣的，如《七修类稿》卷40：“燕肉，水族皆嗜之，钓者多以此。”《古今秘苑》卷3还记载煮熟的稗子也可作捕鱼诱饵。宋庞元英《文昌杂录》还记载用猢狲毛作诱饵的。[②]

捕鲸法。鲸是海洋中最大鱼类，中国古代能捕鲸是海洋捕捞技术高水平

---

①郭永芳，《我国明代的几种物理捕鱼法》，《自然科学史研究》，1986年4期。

②《文昌杂录》（明代《说郛》本）。

的明证。关于商“帝芒十二年，东狩于海，获大鱼”的记载如何理解尚是个问题，故暂且不论。古代文献中明确记载捕鲸鱼的时间至晚在宋代，朱彧《萍州可谈》卷2：“舟人捕鱼，用大钩如臂，缚一鸡鹜为饵，使大鱼吞之，随其行半日方困，稍近之，又半日方可取。”明顾岕《海槎余录》记载：“俟风日晴暖，则有小海鳅浮水面。眼未启，身赤色，随波荡漾而来。土人用舴艋装载绳索，举枪中其身，纵索任其向。稍定时，复以前法施射一二次，毕则掉船并岸，创置沙滩，徐徐收索。此物初生，眼合无所见，且忽枪痛，轻样随波而至，渐登浅处，潮落搁置沙滩不能动，举家脔其肉，作煎油用，大矣哉。”清代也是用此法捕鲸的。《雷州府志》卷2：“蛋户聚船十，用长绳系标枪掷击之，谓之下标，三下标乃得之。次标最险，盖首未知痛也，末标后犹负痛行。数日乃得之。俟其困毙，连船曳绳至水浅处，始屠。”

潮水捕鱼法。唐代陆龟蒙在《渔具》诗中说到一种叫“沪”的渔具：“列竹于海澨曰沪”。就是在海滩上安置竹栅，利用潮水涨落捕鱼。这种“沪”在郑和下西洋时传到印度等地。直到今天印度南部科钦一带仍到处可以看到这种网，故当地称为“中国网”①。还有利用潮水涨落在海湾捕鲻鱼的。《海错百一录》中云：“鲻鱼，风定见网即匿。俟水有靴纹，以撞缉撞之；或以破絙倒影使入海套。潮退围之。”②

捕河豚法。捕鱼贵在了解不同鱼类的生态习性，然后设法捕之。捕河豚就是用一种有趣的巧妙方法。河豚肉味奇美，所以捕捞河豚早在宋代以前就有，而且历代相沿不衰。在宋代，人们就利用河豚触物易怒的习性，进行捕捞。苏东坡《河豚说》讲到河豚有一种奇怪的习性：“河之鱼，有豚其名者。游于桥间而触其柱，不知远去，怒其柱之槛己也，则张颊植鬣，怒腹而浮于水久之莫动，飞鸢过而攫之，磔其腹而食之”。③张咏《鯸鮧鱼赋》中也记载：河豚“触物即怒，多为鸱鸟所食”④。人们正是利用这种特性捕捞河豚鱼的。《梦溪笔谈·补笔谈》卷3说道：“南人捕河豚法，截流为栅，待鱼群大下之时，力拔去栅，使随流而下。日暮猥至，自相排蹙；或触栅则怒，而腹鼓浮于

①季羡林，《回到历史中去》，《人民日报》1978年5月21日。

②张震东、杨金森，《中国海洋渔业简史》，海洋出版社，1983年，第204页引。

③张震东、杨金森，《中国海洋渔业简史》，海洋出版社，1983年，第206页引。

④《鯸鮧鱼赋·序》，《古今图书集成·禽虫典》卷145。

水上。渔人乃接取之。”

（3）食用水产种类

中国海域经济价值较大的鱼类和贝类种类繁多，大部分是传统捕捞对象，历史记载十分丰富。这里只介绍最重要或有较大文化意义的食用水产。

黄鱼。大小黄鱼是中国最古老最重要的海洋经济鱼类之一。《吴地记》记载，早在春秋吴阖闾十年（前505年）就知道它“食之美”，名石首鱼，说明已开始在东海渔场进行捕捞。此后这一种鱼每年的捕捞量是相当大的。《宝庆四明志》记载，每年三四月黄鱼汛时，出动渔船“多至百万艘”①，鱼产量很大，“盐之可经年”。《天下郡国利病书》记载，在黄鱼汛时，“浃旬之间，获利不知几万金”。明王士性《广志绎》则强调，“此鱼俗称鲞，乃吴王所制字，食而思其美，故用‘美’头也”。

鲟。中华鲟和白鲟平时栖息于近海，生殖时溯江产卵。古籍常把鲟科鱼类称为鳣或鲔，在古书中记载相当多。它作为名贵的经济鱼类，在中国已经有3000年历史。《诗经·卫风·硕人》中就有捕捞鳣鱼的诗句：“施罛濊濊，鳣鲔发发。”

鲻科鱼类。种类很多，中国目前已发现20种左右。在古代，鲻鱼是常见的食用鱼类，是中国海岸捕捞的重要对象，主要种类是：鲻鱼；棱鲻（古籍中常称“子鱼”、“海鲒”）、鮻鱼等。鲻鱼肉味鲜美，又是良好滋补品，自古就成为名贵的海味，连远离海洋的殷墟中也发现了鲻鱼骨。《本草纲目》称鲻鱼“味美”，吴越人以为“佳名”，腌为鲞。鲻鱼在历史上的产地分布于福建、广东、浙江、山东等沿海，但以福建最有名。记载福建物产的《闽中海错疏》《闽书》《泉南杂志》《莆田县志》均把鲻鱼作为当地的重要物产。

豚类。以味奇美但有剧毒而出名。汉代已知河豚肝有毒。苏东坡吃过河豚之后，别人问他味道如何，他回答是“食河豚值得一死”。民间也广泛吃此鱼，并有“舍命吃河豚”的俗语。宋代梅尧臣有一首有名的写河豚鱼的诗《范饶州坐中客语食河豚》，生动地描写了这一点：“春洲生荻芽，春岸飞杨花。

---

①《中国海洋渔业简史》第200页认为：百万艘，“可能是上万艘之误”。因中国“历来没有上百万艘”渔船。

河豚当是时，贵不数鱼虾。庖煎苟失所，入喉为镆铘。若此丧躯体，何须资齿牙。”“皆言美无度，谁谓死如麻。吾语不能屈，自思空咄嗟。”[①]

带鱼。在南北近海均有分布，是中国最重要的海洋捕捞对象。带鱼的记载首在南宋。明《闽中海错疏》则记载带鱼有带和带柳两种：“带：身薄而长，其形如带，锐口尖尾，只一脊骨，而无鲠无鳞，入夜烂然有光，大者长五六尺。带柳：带之小者也。”带鱼在沿海地方志中也有记载。[②]

海洋蟹类。硬壳在外，两螯如钳，横行暴躁，自古被认为是兵戈的象征。《周礼》《荀子》《礼记》《尔雅》等古籍都有蟹的记载。唐有陆龟蒙《蟹志》、宋有傅肱《蟹谱》等专著出现。清孙之騄《晴川蟹录》，分别为谱事、事录、文录及诗录。主要辑录历史上关于蟹的认识，是我国古代介绍蟹知识最多的一部专著。在沿海地区，蟹成为常见的食用水产品。唐《岭表录异》《北户录》，宋《太平御览》《埤雅》及沿海地方志，都有海蟹种类的记载。

海洋虾类。有多种。晋王子年《拾遗记》：“大虾长一尺，须可为簪。”这可能是龙虾。《本草纲目》卷44：虾“凡有数种：米虾、糠虾，以精粗名也；青虾、白虾，以色名也；梅虾以梅雨时有也；泥虾、海虾以出产名也”。北魏《齐民要术》卷8有“作虾酱法”，提到“用虾一升”，是指毛虾。

海洋软体动物。供食用的主要有蚶、贻贝（淡菜）、江珧、牡蛎、海蛤、蛏、鲍鱼、乌贼等。

3. 水产养殖

春秋时期，海洋捕捞业的发展可能使局部海域出现海洋生物资源枯竭的危险，因此保护海洋生物资源的思想已有明确记述。由于人们生活日益增长的需要，从而促进养殖业的产生和发展。

（1）蚝田

东南沿海养殖牡蛎有着悠久历史。罗马普林尼（Pliny，23—79）记载，在西方首建人工牡蛎苗床之前很久，中国人便已掌握养殖牡蛎的技术了。[③]

---

①《宛陵先生集》卷5。

②民国《镇海县志》卷42。

③齐钟彦，《我国古代贝类的记载和初步分析》，《科学史文集》第4辑。

牡蛎在南方叫蚝。宋代已开始插竹养蚝，宋梅尧臣《食蚝》诗："亦复有细民，并海施竹牢，采掇种其间，冲击姿风涛，咸卤与日滋，蕃息依江皋。"[①]明《蛎蜅考》详细记载了福建福宁竹屿在15世纪的插竹养蚝法："肇自先民取深水牡蛎之壳，布之沙泥，天时和暖，水花孕结，而蛎生壳中，次年取所生残壳而遍布之，利稍蕃。然蛎产多鲜，巨鱼逐群馋食无厌，众心胥戚，取石块团围，稍无害。但石块不过三五，波浪风倾，害复如前。乃聚议：扈以竹枝水中摇动，鱼惊不入。哀我人斯百计经营……竹枝生蛎。乡人郑姓者遂砍竹三尺许，植之泥中。其年丛生，蛎比前更蕃。因名曰竺。以竹三尺故名也。乡人转相慕效，竺蛎遂传……竺竹生蛎，仅有百余年。"

据记载，从明成化开始，除竹屿有养蚝外，邻近涵江、沙江和武岐一带也有养蚝业。[②]

广东沿海地区也有较大规模的养蚝业。潮州地区清代以前养蚝业已很发达。《潮州府志》记载："沿岸浅水处多有堆石或蚝壳以繁殖之，是为蚝田或蚝埕。潮退时嶙峋突起，横恒达数里之广，此外东里蚝町规模亦大。"[③]《广东新语》卷23还记载了广东其他地方的蚝田："东莞、新安有蚝田……种蚝，又以生于水者为天蚝，生于火者为人蚝……其地妇女皆能打蚝。有打蚝歌。"由上所记，可知广东地区养蚝较广泛，并且系采用投石养蚝法。其法与福建插竹养蚝法不同。清李调元《南越笔记》卷13对此法有较详细的记载："以石烧红散投之，蚝生其上。取石得蚝，仍烧红石投海中。岁凡两投两取，谓之种蚝。"

（2）鲻池

鲻鱼养殖明代已有记载。黄省曾《养鱼经·一之种》谓："鲻鱼，松之人于潮泥地凿池，仲春潮水中捕盈寸之者养之，秋而盈尺，腹背皆腴，为池鱼之最，是食泥，与百药无忌。"明胡世安《异鱼赞闰集》又较详细地记载了鱼苗的选择问题："流鱼如水中花，喘喘而至，视之几不辨，乃鱼苗也。谚云：'正乌二鲈'，正月收而放之池，皆为鲻鱼，过二月则鲈半之。鲈食鱼，畜鱼

---

①《食蚝》，《古今图书集成·博物汇编·禽虫典》卷160引。

②民国《霞浦县志》卷18。

③《潮州府志》，引自《中国海洋渔业简史》，第231页。

者呼为鱼虎，故多于正月收种。其细似海虾，如谷苗，植之而大。流鱼正苗时也。”胡世安所记的采苗经验，是有科学道理的。时至今日，福建渔民仍然有“正月出乌，二月出鲈”的说法，即正月采鲻鱼苗，二月采鲈鱼苗。

古代的养鲻地点不少，自北而南有河北、江苏、浙江、福建、广东等地。

（3）蚶田

明代浙东已开始种蚶。《本草纲目》卷46：“今浙东以近海田种之，谓之蚶田。”《闽部疏》记载了闽中养蚶，但“蚶大而不种，故不佳”，“蚶不四明”。这说明当时闽中尚未有养蚶，当地的野蚶虽大而比不上浙江四明（宁波）的人工蚶。《闽中海错疏》也记载了四明的人工蚶。“四明蚶有二种：一种人家水田中种而生者；一种海涂中不种而生者，曰野蚶”。

广东养蚶在清康熙时有记载，《广东新语》卷27：“惠、潮多蚶田。”

（4）种珧

南宋已有养殖江珧记载。陆游《老学庵笔记》卷1：“明州江珧柱有二种。大者江珧，小者河珧，然河珧可种，逾年则成江珧矣。”周必大在《答周愚卿江珧诗》：“东海沙田种蛤蚶。南烹苦酒濯琼瑶……珠剖蚌胎那畏鹬，柱呈马甲更名珧。”[①]

（5）蛏田

明代《本草纲目》《正字通》《异鱼图赞补》等书均有人工养殖蛏的记载。《本草纲目》卷46：“蛏乃海中小蚌也……其类甚多。闽粤人以田种之，候潮泥壅沃，谓之蛏田。”《闽书》对养殖蛏的方法还有较详细的记载，并指出蛏田以“福建、连江、福宁州最大”。[②]

（二）海洋药物

成书于秦汉的《神农本草经》具有传说性，其中某些内容渊源很早。该书就有海洋药物的记载，可见，海洋药物的使用始于先秦。三国《吴普本草》、唐《唐本草》、宋《本草衍义》、明《本草纲目》等本草书以及古代不

① 《答周愚卿江珧诗》，《周益国文忠公集·平园续移》卷3。

② 《闽书》，《古今图书集成·博物汇编·禽虫典》卷158引。

少海洋水产志中都有海洋药物的记载。

鲨。皮可作药用。《唐本草》记载它“主治心气鬼疰虫毒吐血”，“治食鱼成积不消”。《本草纲目》也有类似记载。鲨肉具有滋补强壮的功能。《唐本草》《食疗本草》均记载它甘平无毒，可补五脏。《唐本草》还指出鲨胆，“主治喉痹”。鲨翅是名贵的补品，《药性考》等书均记载它可以补血、补气、补肾、补肺、开胃进食。

中华鲟。肉和肝可益气补虚，通淋活血。《食疗本草》记载它能“治血淋”。《本草拾遗》记载它“主治恶血疥癣”“利人肥健”。

鲥鱼。补虚功能在《食疗本草》中有记载。《本草纲目拾遗》还记载它可“治疗和血痣”。

鳓鱼。具有开胃滋补强壮的功能，《本草纲目》也有记载。

海鳗和溯河成长的鳗鲡。是古代使用较多的海洋药物。《食疗本草》记载它能治“风痹”。《本草纲目》记载它可治“小儿疳劳”“杀诸虫”。

海马。是名贵的补肾壮阳药，入药年代早。《本草拾遗》还认为它能“主妇人难产”。

黄鱼。入药年代也很早。唐代《海药本草》记载它能治多种疮。《本草纲目》记载它能止血治难产、产后风等。

珍珠贝的珍珠。有名的药物。《海药本草》认为它能明目。《本草纲目》认为它能“安魂魄，止遗精”。

海月。《食疗本草》记载它能消痰、消食。

贻贝。《本草拾遗》记载它有滋阴、补肾、益精血、调经等功能。

海兔。具有清热、滋阴、消炎等功能。《随息居饮食谱》记载它能清胆热、消瘿瘤等。

毛蚶。古代广泛用于防治疾病。《名医别录》记载它能治痿痹、泻痢、便脓血等病。《本草纲目》记载它能消血块、散瘀积。

牡蛎。在唐以前已成为常用药，主要是补肾安神、化痰、清热等。

墨鱼内骨。称“海螵蛸”，能止血、止痛。《本草纲目》认为它能治多种血病。

玳瑁。肉可祛痰、解毒、利肠。盾片可清热解毒、镇惊。《本草拾遗》认为它可“解岭南百药毒”。

蠵龟。全身均可入药，有滋阴、潜阳、柔肝、补肾、去火明目、润肺止咳的功能。

海豹和海狗。药用部位是肾和雄性外生殖器，药名海狗肾，具有补肾壮阳、益精补髓的功能，是名贵补药。

石莼。在唐代已入药。《海药本草》认为它能治风秘不通、五鬲气、便不利等。

昆布。入药很早，《吴普本草》就有记载。

裙带菜。唐代就用于主治妇女赤白带下，男子精泄梦遗。《药性论》记载它能利水道，去面肿。

鹧鸪菜。也称蛔虫菜，可治小儿腹中虫积。

琼枝。《本草纲目》称它为石花菜。入药很早。《本草便读》记载它能清肺部热疾，导肠中湿热等。清代海南岛有加工琼枝、草珊瑚的“菜厂”。《广东新语》卷27记载琼枝产品“味甚脆美，一名石花，以作海藻酒，治瘿气，以作琥珀糖，去上焦浮热……海菜岁售万金”。

海嵩子。能治甲状腺肿、淋巴结肿等症。《本草经疏》记载它能治瘿、瘤气等症。

海洋药物种类在古代已十分丰富，除上述外还有不少。

（三）海洋宝货

在古代有海中“龙宫”观念，是收藏奇珍异宝的地方。事实上海洋也确是这样，不少宝物如珍珠、珊瑚、宝贝、货贝等物均产自海洋。宝物作为财富的象征，既可以用作装饰品，也可用作货币。

1. 珍珠

珍珠作首饰起源很早。《禹贡》已有“淮夷蠙珠暨鱼”的记载，《格致镜原》引《妆台记》：“周文王于髻上加珠翠翅花，傅之铅粉，其髻高，名凤髻。”这说明珍珠作首饰已有3000多年的历史。秦汉以来，珍珠用作首饰十分普遍。珍珠用作服饰也很早，《战国策》《晏子春秋》对此均有记载。珍珠还常作珠帘等陈设饰物与宝饰。这些不仅古籍中有大量记载，而且故宫博物院、国家博物馆、地方博物馆均有大量古代用珍珠制作的文物展出。珍珠及其所制装饰品也是民间所追求的。《广东新语》记载当时民间以珠为上宝，生女为珠

娘，生男为珠儿。地名也有用珠字的，如珠崖、珠海等。

我国主要采珠海域在南海，估计先秦已有采珠，但有明确记载的是东汉。《后汉书·陶璜传》："合浦郡土地硗瘠，无有田农，百姓惟以采珠为业。商贾去来，以珠贸米。"这说明当时广西合浦地区，采珠业已十分发达。五代十国时南海采珠出现了高潮，当时的南汉刘氏王朝极为奢侈，曾大量搜集珍珠宝物装饰宫廷从而刺激了采珠事业的发展。明代采珠又进入高潮。皇帝禁止私人采珠，并亲自下诏官方大规模采珠，派官吏管理珠地。明王三聘《古今事物考》卷3："大明洪武三十五年，差内官于广东布政司起取蜑户采珠。弘治七年，差太监一员，看守广东廉州府杨梅、青莺、平江三处珠池，兼巡捕廉、琼二府，并带官永安珠池。"明代有时采珠数量很大，一年高达2万多两，珍珠资源因此遭到严重破坏。

南海沿岸古代采珠之地主要集中在合浦、遂溪、东莞三县。合浦位于北部湾，是古代主要珍珠产地，珠池最多最大的有平江、杨梅、青莺。遂溪县主要是对乐池。东莞县主要是媚珠池。南海珍珠十分有名，《广东新语》卷15："合浦珠名曰南珠。其出西洋者曰西珠。出东洋者曰东珠。东珠者青色，其光润不如西珠。西珠又不如南珠。"

采珠要潜入海底，这在古代特别危险。杨孚《异物志》、赵汝适《诸蕃志》卷下、《岭外代答》卷7、《天工开物·珠玉》等书均介绍采珠方法，并报道了采珠人的悲惨遭遇。珍珠贝生长于数十丈深的海底，采珠必须系绳而下。当时无通气设备，故采珠人快断气时，急牵动其绳，船上人急拉他出水，稍慢，则七窍流血而死。采珠人也常被鲨鱼吃掉或咬掉腿，故古代有"以人易珠"之说，也有称合浦珠池为"断望池"的。中国主要珍珠贝为褶纹冠蚌。此外，梁《名医别录》记载的是鲍、明《山堂肆考》记载的是贻贝。

2. 珊瑚

西汉时珊瑚已成帝王享用的贡品，南越王赵佗向汉王朝献大珊瑚，号称"烽火树"，"高一丈二尺，一本三柯，上有四百六十二条"①枝杈，十分珍贵。《述异记》记载，汉光武帝时，南海献珊瑚，帝命植于殿前，谓之"女珊瑚"。古代珊瑚树和珊瑚制品至今留下的文物是十分丰富的。

---

①《西京杂记》卷1。

3. 宝贝和货贝

自古人们喜爱宝贝，它的贝壳极为光洁美观，可作装饰品或货币。汉朱仲在《相贝经》中按贝壳花纹把贝壳分为12种。汉《尔雅》所载蜬、元贝、贻贝、余赋、余泉、蚆、蜠及其后古籍中的贝、贝子、贝齿、海蚆、珂等都是宝贝。一种小型的黄白色的宝贝为货贝。许慎《说文解字》："贝，海介虫也……古者货贝……至秦废贝行钱。"郭沫若论及贝币曾说："古代的原始货币是用介类的，我国货币的历史是由真贝而珧贝而骨贝而铜贝，而成为以后的铅刀铁钱等，所以凡是关于财货字汇都从'贝'，这是古代的孑遗。"[①]这样的汉字很多，如买（買）、卖（賣）、价（價）、贡、贩、赋、赁、赈、赌、赂等。

从考古资料看，远离海洋，位于中原的商代遗址也出土不少贝币，如郑州白家庄商代遗址出土海贝460枚；安阳大司空村平民83座墓中有殉贝（1—20枚不等）；安阳小屯殷代中型墓出土海贝6000多枚[②]。周代继续使用这种贝币。

4. 鲨皮

古代捕捞鲨鱼的一个重要目的是用它的皮。自商代开始，历代朝廷都规定东南沿海地区要进贡鲨皮[③]。《古今图书集成》："鲨鱼皮有甲珠文，可以饰物，古今皆然。"[④]《诗经》以赞美的手法描写了"象弭鱼服"。"鱼服"就是用鲨鱼皮作的箭袋[⑤]。《左传》有"归妇人鱼轩"[⑥]。"鱼轩"就是用鲨鱼皮装饰的车子。《荀子·议兵篇》有"楚人鲛革犀兕以为甲"，这是用鲨皮作的护身铠甲。

（四）海洋与建筑材料

海洋生物用作建筑材料主要是贝壳烧成的生石灰。《周礼·地官司徒》明确记载："以共闉圹之蜃。"郑玄注："闉犹塞也，将井椁先塞下，以蜃御

① 《中国海洋渔业简史》，第267页引。
② 《中国海洋渔业简史》第268页。
③ 《中国海洋渔业简史》，第208页。
④ 《古今图书集成》，《中国海洋渔业简史》第208页引。
⑤江阴香，《诗经释注》，中国书店，1982年，第16页。
⑥ 《左传》，《中国海洋渔业简史》，第208页引。

湿也。”这说明早在西周时，已用贝壳烧成的生石灰作为墓室防湿的建筑材料。春秋成公二年（前589年）“八月，宋文公卒，始厚葬，用蜃灰”[①]，也用这一材料。1954年辽宁营城子地区发现41座西汉时期的贝墓，其墓室都是用牡蛎、蛤蜊、海螺的介壳构筑的[②]。蜃灰也用于一般居室作干燥剂。《本草纲目》记载：“南海人以其蛎房砌墙，烧灰粉壁。”[③]至今沿海地区仍有用蛎房来烧生石灰的。

海洋生物用于海岸工程建筑中的事例是很多的，最突出例子是宋代福建筑洛阳桥和五里桥时，蛎房起了加固桥基的作用。洛阳桥又名万安桥，修建于1053－1069年，位于泉州市与同安县交界处的洛阳江入海河口处。这里潮浪大，桥基很易损坏。宋代当地人民吸收了当时汕头海边用蛎房加固海堤的方法，在桥基周围养殖了大量牡蛎。牡蛎在潮流中生长很快，它们层层生长，形成的蛎房牢牢地把桥基石块黏结在一起，保护了桥基免受海浪的直接冲击。福建晋江县和南安县之间有一座长五里的跨海石桥，名曰安平桥，又称五里桥。这是中国现存最长的古桥。此桥是1138－1151年建成的，建桥时也采用了蛎房加固桥基的方法。

二、传统海洋农业是大陆农业的延伸和补充

（一）海洋活动与陆地粮食基地

中国有漫长的海岸线，沿海地区是广阔的平原或是长江、黄河、海河、珠江、钱塘江等的冲积平原和三角洲，非常适合农业发展。中国气候、水、热资源配合也较好，与地中海雨季在冬季，不在夏季不同，中国是世界最大季风区，水、热同季，非常适合高产的一年生粮食作物生长。所以沿海地区是广阔的农业高产区，如果政治清明，则能养活许多人，所以中国广大沿海地区主要从事大陆农业而不是海洋农业。至于广大沿海地区既然靠海，守住这聚宝盆，自然也发展海洋农业，开发海洋水产等资源，但这只主要是补充肉食，增加一

① 《左传·成公二年》。
② 《中国海洋渔业简史》，第216页。
③ 《本草纲目》，《中国海洋渔业简史》，第217页引。

种蛋白质来源。因此从事海洋渔业只是极少数人的职业。只是中国南方丘陵的部分沿海地方，因地形陡，耕地面积太小，土质差，无法大规模发展陆地农业，才被迫依靠海洋农业、渔业。也可能这些地方天高皇帝远，因而可大胆挑战中国历代的重农抑商国策，发展海外贸易乃至走私活动，因而也发展出类似西方的海洋商业文化。但从全国广大沿海地区看，从漫长历史和重农抑商的基本国策看，中国传统海洋文化本质是与西方海洋商业文化不同的海洋农业文化，并且是与大陆农业文化并存相互影响的。

1. 海运与“天下粮仓”

值得强调的是，由于长江三角洲和钱塘江三角洲开发较早，自然条件较好，粮食高产，所以成为“天下粮仓”。中国古代的天下粮仓主要是天府之国——成都、鱼米之乡——江南。古代的京杭大运河是世界上里程最长、工程最大、最古老的运河。大运河南起杭州，北到北京。元代定都大都（今北京），大都和北方部分地区的粮食供应主要取自南方，必须开凿运河，把粮食从南方运到北方。为此修筑成以大都为中心，南下直达杭州的纵向大运河。元代又开拓海运，把南方的粮食经海道运至直沽（今天津），再经河道运达大都。至元十九年（1282年），朝廷采用太傅、丞相伯颜的建议，运粮四万余石由海道北上。次年，立二万户府管理海运。数年后，运数增至五十余万石，于是粮食运输逐步以海运为主，传统的内河运输退居次要地位。由此可见，沿海地区的江南鱼米乡是古代陆地农业的中心。海运与内陆运河均是开发陆地农业的需要。

2. 潮灌与畿辅水利

关于北方潮田的明确记载始于元代发展于明代。这与“畿辅水利”有关。畿辅水利目的“是要把北京所在的地区改造成一个重要的农业生产地区，以减轻或避免南粮北运的困难，为北京这一全国的政治中心建立起更为巩固的经济基础”[①]。所涉范围包括了现在河北省的全部平原地区。

在畿辅水利中采纳了东南沿海地区发展潮田的经验。《元史》卷30：“京师之东，濒海数千里，北极辽海，南滨青齐，萑苇之场也，海潮日至淤

①侯仁之主编，《中国古代地理学简史》，科学出版社，1962年，第59页。

为沃壤，用浙人之法，筑堤捍水为田。”明代徐贞明（？—1590）《潞水客谈》：“京东者辅郡…………控海则潮淤而壤沃，兴水利尤易也。”[①]雍正《畿辅通志》卷46：“明臣袁黄为宝坻令，开疏沽道引戽潮流于壶卢窝等邨……盖潮水性温，溉自饶，浙闽所谓潮田也。今委负疏涤旧渠，连置闸洞，汲引浇灌，濒海泻卤，渐成膏腴。”明代汪应蛟驻兵天津，大规模屯田，其中也用潮灌。雍正《畿辅通志》卷47：“东西泥沽二围，营田引用海潮水。”

由此可见属于海洋农业文化的潮田实际是大陆农田水利的延伸和补充。

（二）保卫陆地农业区的滨海长城——海塘和潮闸

与潮灾斗争，是中国古代沿海人民为保卫沿海农业区，保卫生命财产，进行减灾活动的一场严酷斗争。尽管历代为祈求海晏，有着不少宗教和迷信活动，但人们也十分清楚，最有效的方法还是自己起来进行抗争。沿海地区人民为保卫自己的陆地农业区不受潮灾入侵，像北方地区人民为保卫农业区抵御游牧民族入侵而修筑起万里长城那样，也修筑起滨海万里长城——海塘。万里长城在交通要冲处设立雄关，滨海长城在入海河口处也常设立潮闸。由此可见，海、陆两座万里长城不仅在保卫农业经济区这个中国传统文化内涵上是一致的，而且在形式上也有类似之处。

1. 海塘

海塘、万里长城、大运河堪称中国古代三项伟大工程[②]，其规模之大、工程之艰巨、动员人数之多是十分惊人的。由于沿海风暴潮十分严重，沿海地区又是中国古代重要农业经济区，人口集中，所以古代海塘建设受到朝廷重视，海塘遍布沿海各地，但以江浙海塘最为宏伟。这里位于钱塘江喇叭形河口地段，日夜受到太平洋潮波的冲击，发育起壮观的钱塘江暴涨潮，在夏秋台风频繁活动之际，又是风暴潮灾最严重地区之一。但钱塘江三角洲经济开发很早，杭嘉湖平原自古就是著名的江南鱼米之乡，所以这里海塘所起的作用无疑十分重要。在历次强大潮灾中，也多次遭受到重大损失，原有海塘时时被冲垮。但

---

①《潞水客谈》第4页（《丛书集成初编》本）。

②朱偰，《江浙海塘建筑史》，上海学习生活出版社，1955年，第1页。

是人们通过不断总结筑塘经验教训，技术水平迅速提高，工程规模也十分宏大。江浙海塘已成为中国古代人民与潮灾顽强斗争、取得巨大胜利的象征；同时也展示了中国沿海人民与潮灾斗争的历程和中国海塘工程的水平。

秦汉以前北方已有海塘，东南沿海因尚未开发，故缺乏海塘记载。秦汉以后，东南沿海逐渐开发，陆地农业发展，地方政府开始重视海塘修筑，故才有了记载。所记最早的是东汉钱塘（今杭州）的钱塘江的海塘。《钱塘记》称："防海大塘在县东一里，符郡议曹华信家议立此塘，以防海水。始开募有能致一斛土者即与钱一千，旬月之间，来者云集。塘未成，而不复取，于是载土石者皆弃而去，塘以之成，故改名钱塘。"[①]

三国时的海塘，《吴越备史》有这样记载："一日，吴主皓染疾甚，忽于宫庭附黄门小竖曰：'国主封界毕亭谷极东南，有金山咸塘，风激重潮，海水为害，非人力所能防。金山北古之海盐县，一旦陷没为湖，无大神力护也。臣汉之功臣霍光也。臣部党有力，可立庙于咸塘。臣当统部属以镇之。"[②]

沪渎垒为水边高阜，实则是一种原始的土海塘。晋代湖州刺史虞潭在沿海一带筑沪渎垒，以遏潮冲。《晋书·虞潭传》记载："是时，军荒之后，百姓饥馑，死亡涂地，潭乃表出仓米赈救之。又修沪渎垒以防海沙，百姓赖之。"《晋书·孙恩传》又记载，沪渎垒是一种海岸军事工事。"吴国内史袁山松筑沪渎垒，缘海备恩。明年，恩复入浃口，雅之败绩，牢之进击，恩复还于海，转寇沪渎，害袁山松，仍浮海向京口"。由此看来，当时的沪渎垒有双重功能。固它能防止潮灾，所以在海塘史中仍是有地位的。

唐代钱塘江海塘在《新唐书·地理志》中记载称："盐官有捍海塘，堤长百二十四里，开元元年重筑。"这说明早在开元元年（713年）之前，这里已有较大规模的海塘。

海塘长期为土塘，虽修筑容易，但抗潮性能较差。910年，江浙海塘已出现向石塘过渡。《咸淳临安志》卷31记载："梁开平四年八月钱武肃始筑捍海塘。在候潮通江门之外，潮水昼夜冲激，版筑不就……遂造竹络，积巨石，植以大木，堤岸即成，久之乃为城邑聚落。"《梦溪笔谈》卷10："钱塘江钱

---

①《钱塘记》，《水经注·浙江水》引。

②《吴越备史》，嘉庆《云间志》卷5"金山忠烈昭应庙"引。

氏时为石堤，堤外又植大木十余行，谓之榥柱。”武肃王钱镠（852—932）这次造海塘，显然有较大进步。塘身部分是竹笼实石法，部分已是石堤。堤外又有榥柱，以减缓潮波对海塘的冲击，也加固了塘基。至于《梦溪笔谈》所说的“石堤”，是否就是指竹笼实石法，还是指后世用条石砌成的海塘，目前尚难断定。

北宋时，李溥、张夏曾多次修筑钱塘江北岸海塘，开始时仍用钱镠旧法，后来采取用巨石砌成。宋庆历七年至皇祐二年（1047—1050年）政治家王安石（1021—1086）在鄞县做知县，在筑海塘时发明了坡陀法。因以前的石海塘临水面都是垂直向下，但海潮来势凶猛，正面冲击海塘，力量很大，故塘身易倾圮。海塘临水面改用坡陀形采取斜坡向下形式，可杀潮势，起到了明显的护塘作用。

宋代对苏北的海塘也曾经大力兴修，约有150里长，而且海塘的外口，曾垒石作坡。这便是政治家范仲淹（989—1052）所修的范公堤。此堤名垂史册，《宋史·河渠志》对此作了如下介绍：“淳熙八年，提举淮南东路常平茶盐赵伯昌言：通州、楚州沿海，旧有捍海堰，东距大海，北接盐城，袤一百四十二里。始自唐黜陟使李承实所建，遮护民田，屏蔽盐灶，其功甚大。历时既久，颓圮不存。至天圣改元，范仲淹为泰州西溪盐官日，风潮泛溢，淹没田产，毁坏亭灶，有请于朝，调四万余夫修筑，三旬毕工。遂使海濒沮洳潟卤之地化为良田，民得奠居，至今赖之。自后寖失修治，才遇风潮怒盛，即有冲决之患。自宣和，绍兴以来，屡被其害……每一修筑，必请朝廷大兴工役，然后可辨。望令淮东常平茶盐司，今后捍海堰如有塌损，随时修葺，务要坚固，可以经久。从之。”当时和范仲淹一同主持修堤的，还有张纶，《宋史·张纶传》记载：“泰州有捍海堰，延袤百五十里，久废不治，岁患海涛冒民田。纶方议修复，论者难之……纶表三请，原身自临役……卒成堰……民利之。”

元代曾屡次修建海塘。“元代，海塘极大部分已改为石塘，就中杭州海塘本是用巨石砌成的；海宁、海盐则用石囤木柜之法修成石塘；上虞、绍兴、余姚，本是土塘，至此也改用石塘。”[①]

①《江浙海塘建筑史》，第8页。

明代重视水利和海塘建筑。“总计三百年间，前后凡有十三次大修工程”[①]。在工程设计上也有较大改进，先后采用石囤木柜法、坡陀法、垒砌法、纵横交错法。最后黄光升集筑塘法之大成，并写有《筑塘说》，详细地介绍了修筑大塘的纵横交错法。清朝政府为确保东南财赋收入，并笼络江南士大夫，维护封建统治，在康熙、雍正、乾隆三朝，动员大量人力、财力，修筑江浙海塘。乾隆帝为海宁的钱塘江海塘修筑，曾四次（乾隆二十七、三十、四十五、四十九年）南巡到达海宁，亲自理会海宁塘工。清代江浙海塘在历代建筑的基础上，全部改土塘为石塘，修筑了从金山卫到杭州300多里的石塘[②]。而且大多是工程质量优良的鱼鳞大石塘。于是江浙海塘更有效地挡住了杭州湾汹涌的风暴潮，保卫了沃野千里的杭嘉湖平原这一国家粮仓，使这个历代潮灾严重地区成为富庶的鱼米之乡。1949年以来，江浙海塘得到全面的修复和整治。

海塘是滨海的万里长城，潮闸就是这长城上的雄关。海塘和潮闸共同配合，既可以抵御潮灾，又可以使入海河流顺利地入海。海水平均盐度高达35‰，而盐度1‰的水对庄稼已不适合，所以，入海河口大部分河段的水不能灌溉，不然，将使土地严重盐渍化。为此古代就在不少入海河口建立了潮闸。徐光启（1562—1633）《农政全书》指出：“新导之河，必设堵闸，常时扃之，御其潮来，沙不能塞也。”旱时可“救熯涸之灾”，涝时可“流积水之患”。清钱咏《履园丛话·水学·建闸》：“沿海通潮港浦，历代设官置闸，使江无淤淀，湖无泛溢，前人咸谓便利……闸者，押也，视水之盈缩所以押之以节宣也。潮来则闭闸以澄江，潮去则开闸以泄水。其潮汐不及之水，又筑堤岸而穿为斗门，蓄泄启闭法亦如之。”

福建莆田的木兰陂，是北宋期间修建的一座大型水利工程。建陂前，汹涌的兴化湾海潮溯流而上，直涌至距今陂址上游3公里处。当时，溪、海不分，潮汐往来，潟卤弥天，农田旱涝也十分频繁。建陂之后，下御咸潮，上截淡水，灌田万余顷，至今仍发挥着较大经济效益[③]。古代有名的潮闸不少，江苏盐仓闸、唐家闸对农业的收成发挥了很大作用。故《履园丛话·水学·建

①《江浙海塘建筑史》，第8页。

②参见《海塘略图》，《江浙海塘建筑史》，附图3。

③福建省莆田县文化馆，《北宋的水利工程木兰陂》，《文物》1978年第1期。

闸》对潮闸的作用总结道："设闸之道有数善焉，如平时潮来则扃之，以御其泥沙；潮去则开之，以刷其淤积。若岁旱则闭而不启，以蓄其流，以资灌溉。岁涝则启而不闭，以导其水，以免停泓。"古代还有人总结潮闸有五利："置闸而又近外，则有五利焉……潮上则闭，潮退即启，外水无自以入，里水日得以出，一利也……泥沙不淤闸内……二利也……水有泄而无入，闸内之地尽获稼穑之利，三利也；置闸必近外……闸外之浦澄沙淤积，岁事浚治，地里不远，易为工力，四利也；港浦既已深阔……则泛海浮江货船、木筏，或遇风作，得以入口住泊，或欲住卖得以归市出卸，官司可以闸为限，拘收税课，五利也。"[①]

（三）潮田主要是用于灌溉的陆地农田

仰潮水灌溉的潮田，在中国古代沿海地区广为分布，这是中国古代海洋水资源利用的一项重大成就，也是中国古代海洋农业文化的一个明显的特点。

1.潮田的产生、发展和分布

潮田在中国出现很早，这首先应谈到骆田。晋《裴渊广州记》记载："骆田仰潮水上下，人食其田。"[②]《十三州志》记载："百粤有骆田。澍案：骆音架，即架田，亦即葑田也……骆田仰潮水上下，人食其田。"[③]由此可知，骆田即潮田一种，也是中国古代架田的一种。架田是在沼泽水乡无地可耕之处，用木桩作架，将水草和泥土置于架上，以种植庄稼。木架漂浮水上，随水高下，庄稼不致浸淹。这在宋元时多见于江东、淮东和两广地区[④]。架田又记为葑田。宋梅尧臣（1002－1060）在《赴霅任君有诗相送仍怀旧赏因次其韵》诗有"雁落葑田阔，船过菱渚秋"的诗句[⑤]，生动地描绘了宋代葑田发展状况。架田、葑田在两广沿海地区之所以称骆田，这是因为"骆者，越别名"[⑥]。而越即百越或百粤。在古代即为位于南岭以南今

①光绪《常昭合志稿》卷9。
②《裴渊广州记》，《汉唐地理书钞》。
③凉时阚骃纂，清代张澍辑《十三州志》。
④王祯，《农书》卷11"田制门"。
⑤《赴霅任君有诗相送仍怀旧赏因次其韵》，《宛陵集》卷8。
⑥《后汉书·马援传》注。

两广地区[1]。骆田在中国出现的时代还可追溯到更早的战国时代。《交州外域记》：“交趾昔未有郡县之时，土地有雒田，其田从潮水上下，民垦食其田。”[2]这里的雒田显然即骆田。交趾，古代指五岭以南一带地区。有关“交趾昔未有郡县之时”的时间，根据我国古代有关行政区划的变革分析，最晚也是战国时期。由此可见，骆田或雒田即潮田，至迟在战国时期已经出现。这种在岭南沿海发展起来的位于水上并仰潮水上下灌溉的潮田，与后来广为发展的位于陆地的潮田有较大的不同。

位于陆地的潮田最早可追溯到三国时代的吴大帝孙权（182－252）在南京所开的潮沟。《舆地志》：“潮沟，吴大帝所开，以引江潮。”[3]《地志》：“潮沟，吴大帝所开，以引江潮……潮沟在上元西四里，阔三丈，深一丈。”[4]开潮沟，引江潮，很可能是用于潮灌。有关陆地潮田的明确记载，则在南北朝时期。光绪《常昭合志稿》卷9：“吾邑于梁大同六年更名常熟。初未著其所由名，或曰高乡，濒江有二十四浦，通潮汐，资灌溉，而旱无忧。低乡田皆筑圩，是以御水，而涝亦不为患，故岁常熟而县以名焉。”可见在540年，长江流域潮田规模已相当大。长江流域的潮田到唐宋时又有较大发展。唐代陆龟蒙为长洲（今苏州）人，曾任苏、湖二郡从事。他在《迎潮送辞序》中记述了松江地区的潮田：“松江南旁田庐，有沟洫通浦溆，而朝夕之潮至焉。天弗雨则轧而留之，用以涤濯、灌溉。”[5]南宋范成大（1126－1193）为吴郡（今苏州）人。他在《吴郡志》中也记述了吴郡的潮田。综上所述，古代位于陆地的潮田，主要是在长江下游沿岸，特别是在太湖周围低洼地区发展起来的；其年代大约始于三国时代，至迟可追溯到南北朝，其后在唐宋，特别在宋代有较大发展。

长江下游沿岸的陆地潮田的发展，实际上与当地圩田塘浦系统的发展是一致的。“圩田就是在浅水沼泽地带或河湖淤滩上围堤筑圩，把田围在中间，

---

①《史记·李斯传》：“非地不广，又北逐胡貉，南定百越，以见秦之疆”；《汉书·高帝纪》：“前时，秦徙中县之民南方三郡，使与百粤杂处。”

②《水经注》卷37引。

③《舆地志》，《六朝事迹编类》卷上引。

④《地志》，《东南防守利便》卷上引。

⑤《后汉书·马援传》注。

把水挡在堤外；围内开沟渠，设涵洞，有排有灌。太湖地区的圩田更有自己的独特之处，即以大河为骨干，五里七里挖一纵浦，七里十里开一横塘。在塘浦的两旁，将挖出的土就地修筑堤岸，形成棋盘式的塘浦圩田”[①]。这里的圩区在秦汉已进行了初步开发，三国时经东吴政权的经营，已达到一定的程度。由此可推测吴大帝当时在南京所开的潮沟，亦相当于圩田与塘浦中的浦。在南北朝时，正由于塘浦的发展，以及其中潮灌的发展，才使在梁大同六年将晋时的海虞县改为常熟县[②]的。唐时太湖地区的圩田塘浦“进入一个新的发展时期”，后虽在北宋时“一度衰落”，但到南宋时“圩田范围逐渐扩大”[③]。由此可见太湖地区的潮田发展，基本上与圩田、圩田塘浦的发展是同步的。《吴郡志》记载：吴郡治理高田的主要方法是挖深塘浦，“畎引江海之水，周流于岗阜之地”，而“近于江者，既因江流稍高，可以畎引；近于海者，又有早晚两潮，可以灌溉”[④]。这里的潮田显然只是圩田的一种，只因近海，所以引潮水灌溉。

北方潮田较明确记载开始于元，发展于明。这与“畿辅水利”的发展有关。“畿辅水利”建设目的“是要把北京所在的地区改造为一个重要的农业生产地区，以避免南粮北运的困难，为北京这一全国的政治中心建立起更为巩固的经济基础”[⑤]。在畿辅水利发展过程中，通过学习东南沿海地区的经验，开始发展潮田。《元史》卷30：“京师之东，濒海数千里，北极辽海，南滨青齐，萑苇之场也，海潮日至淤为沃壤，用浙人之法，筑堤捍水为田。”

潮田的作用是很大的，不仅仅在开发滨海土地或围海造田中救干旱之急，还能使干旱盐渍的贫瘠土壤变成旱涝保收、稳产高产的“膏田”。《福建通志》记载：“有一等洲田，潮至则没禾，退仍无害。于禾不假人、牛而收获自若。有力之家随便占据。”[⑥]在这里，潮田已成为最上等的田。

中国古代的潮田在沿海分布很广，各海区均有，但又相对集中于入海河流的感潮河段（见表1－1）。

---

①《中国水利史稿》（中册），水利电力出版社，1987年，第144页。

②《长江水利史略》，水利电力出版社，1979年，第73页。

③《中国水利史稿》（中册），第145页。

④《吴郡志》卷19。

⑤侯仁之主编，《中国古代地理学简史》，科学出版社，1962年，第59页。

⑥乾隆《福建通志》卷3。

表1－1 中国古代潮田分布简表

海域	江湖名称	潮田地域	记载文献
渤海	滦河	乐亭县	乾隆《乐亭县志》卷13
黄海	蓟运河	宝坻	雍正《畿辅通志》卷47
	海河	天津	乾隆《天津县志》卷12
	长江（北岸）	靖江	康熙《靖江县志》卷16
		通州（今南通）	乾隆《直隶通州志》卷3
东海	长江（南岸）	建康（今南京）	《六朝事迹编类》卷上
		丹徒	宣统《京口山水志》卷10
		吴郡（今苏州）	《吴郡志》卷19
		常熟	光绪《常昭合志稿》卷9
		太仓	嘉庆《直隶太仓州志》卷18
		川沙	光绪《川沙厅志》卷14
	钱塘江	松江	光绪《松江府续志》卷39
		杭州	光绪重刻《西湖志》卷1
		浙江省	《元史》卷30
		福建省	乾隆《福建通志》卷3
南海	北溪、南溪	揭阳	同治《广东通志》卷116
	珠江	香山（今中山）	道光《香山县志》卷3
	钦江	钦州	道光重修《廉州府志》卷4
	廉江	廉州	重修《廉州府志》卷11

由上表可知，中国古代潮田分布区主要是重要农业区。由上表还看到，古代“凡濒海之区概为潮田”。潮田的分布又相对集中于出海河流感潮河段，所以也与感潮河段的长短有关。感潮河段越长，其潮田分布由海洋深入陆地则越深，例如南京、丹徒、靖江离大海均很远，但均位于长江的感潮河段，故仍有潮田分布。

2. 潮灌的方式及原理

潮田的形成和发展，主要由于农业的发展需潮汐灌溉（简称“潮灌”）。潮灌方式有简单和复杂之分，各有其发展的过程。较原始的方式是自流灌溉。这类记载较多，如宣统《京口山水志》卷10：丹徒诸小港“皆平地沙区，无山陇之限，通潮汐，资灌溉”。道光《香山县志》卷3：“诸村乘潮汐灌田。”同治《广东通志》卷116：“凤尾港均乘潮汐灌田。”更为有趣的是道光十五年（1835年），风暴潮冲破了长江河口南岸和杭州湾北岸的海塘，海水进入农田，人们利用此机会进行潮灌，竟在灾害之年幸运地获得了丰收。此事被多处地方志记载下来。光绪《川沙厅志》卷14：道光十五年六月十八日“海潮涨溢，冲刷钦塘、獾洞二处，水涌过塘，塘西禾棉借以灌溉，岁稔”。该书另一卷的附注对此事有这样解释：“是夏旱，塘内川港涸，六月十八日，海潮冲坍第十三段獾洞三处，洞各宽三丈，深丈余。据衿业曹汝德等呈请缓筑，过水济农。”[①] 这次风暴潮也冲毁了与川沙邻近的松江海塘。无独有偶，松江也采用了相同方法获得了丰收。光绪《松江府续志》卷39：道光十五年“乙未六月十八日海潮涨过塘西，禾苗借以灌溉，岁稔”。这说明当时川沙、松江一带人民有着一定的潮灌经验，才有可能在大灾之年，化灾为利，夺得丰收。

自流灌溉是潮灌的初级形式。它的潮田分布高度有限，只能在每月的大潮高潮线以下。所以潮田面积窄小，而且能潮灌时间与庄稼缺水时间并不一致。因此随着沿海农业区的发展，自流灌溉方式已满足不了要求，逐步被有一定水利设施的复杂的潮灌方式所取代。这种取代在长江三角洲是出现较早的。南宋《吴郡志》卷19记载：吴郡“沿海港浦共六十条，各是古人东取海潮，北取扬子江水灌田”。这里记载了潮灌中的渠系。“民国”《江湾里志》卷15：嘉庆十九年（1814年）“夏秋大旱，是岁祲。惟江湾大场均傍走马塘，朝潮夕汐，戽水不干，木棉尚稔”。这里描述了潮灌中的提水设施。乾隆《直隶通州志》卷3：“盐仓闸去江只十里许，涝时泄水甚迅。旱则启闸板以引江潮……居民最利之。”这里记述了潮灌中的潮闸。这种潮灌方式不断完善，已逐渐发

---

①光绪《川沙厅志》卷3附注。该卷3记载冲坍“獾洞三处”与上述卷14记载冲坍“獾洞二处”略有差异。

展为包括有渠系、潮闸、提水等水利设施的灌溉系统。对此明代《濒海潮田议》中有详细的记载："凡濒海之区概为潮田。盖潮水性温，发苗最沃，一日再至，不失晷刻，虽少雨之岁，灌溉自饶。其法临河开渠，下与潮通，潮来渠满，则闸而留之，以供车戽，中沟塍地梗，宛转交通，四面筑围，以防水涝。凡属废坏皆成膏田。"①

海水苦咸，盐度高达35‰，而庄稼对盐度1‰的水已不能适应。那么，为什么沿海各地广泛发展的潮田能使庄稼丰收呢？这是因为中国古代劳动人民在长期的抗旱斗争中，已发现在河流的感潮河段以及入海的河口地区，由于淡水的注入和潮汐的作用，海水盐度有着明显的时空变化。因此能够根据潮汐涨落情况，掌握海水盐度时空动态，得到淡水灌溉。明代徐光启（1562－1633）《农政全书》卷16指出："海潮不淡也，入海之水迎而返之则淡。《禹贡》所谓逆河也。""海中之洲渚多可用，又多近于江河，而迎得淡水也。"十分明显，徐光启在这里所说的"洲"，应为入海河口的拦门沙，而"逆河"实为入海河流的感潮河段。中国沿海受太平洋潮波的强大冲击，河口中"江水逆流，海水上潮"②的现象是明显的。

由于潮灌和潮田的长期发展，中国古代对海水咸重、河水淡轻有十分深刻的认识。如明代郭璿在《宁邑海潮论》中就明确指出两者之不同："江涛淡轻而剽疾，海潮咸重而沉悍。"③嘉庆《直隶太仓州志》卷18则进一步阐明，滨海之地，"潮有江、海之分，水有咸、淡之别……古人引水灌田，皆江、淮、河、汉之利，而非施之以咸潮"。由此可见，古人早已清楚潮灌中所引之水虽名为潮水、海水，实为河流淡水。

既然"海水咸重而沉悍"，"江涛淡轻而剽疾"，那么在出海河口和感潮河段，海水和河水相交换处，自然不会轻易融合。而且由于海水咸重，所以上潮时，进入江河的海水不会在上层，只能在下层沿河底向上游推进，形成一个向上游方向水量逐渐减少的楔形层。这样上层仍为"淡轻剽疾"的河水，可资灌溉。这在中国古代是已有明确认识的。明代崔嘉祥《崔鸣吾纪事》记载了

①《濒海潮田议》，乾隆《乐亭县志》卷13。
②《七发》，《昭明文选》。
③《宁邑海潮论》，《海塘录》卷19。

当时耕种潮田的老人，对潮灌原理的精辟阐述："咸水非能稔苗也，人稔之也……夫水之性，咸者每重浊而下沉，淡者每轻清而上浮。得雨则咸者凝而下，荡舟则咸者溷而上。吾每乘微雨之后辄车水以助天泽不足……水与雨相济而濡，故尝淡而不咸，而苗尝润而独稔。"嘉庆《直隶太仓州志》卷18又载："自州境至崇明海水清驶，盖上承西来诸水奔腾宣泄，名虽为海，而实江水，故味淡不可以煮盐，而可以灌田。"这指出了长江太仓、崇明河段，虽名为海，但仍可潮灌的原因。康熙《松江府志》卷3："凡内水出海，其水力所及或至千里，或至几百里，犹淡水也。"这更进一步指出在河流入海后形成远距离的淡水舌。

近代欧洲，关于河流淡水和海洋咸水相交汇的情况的研究，以及咸重海水上潮时在河流下面形成楔形层的发现，都是很晚的。19世纪初，苏格兰的弗莱明（J. Flemin，1785－1897）在泰湾的河流中经长期观察感潮河段潮汐运动情况，才发现上述现象的存在，并写出了《河流淡水与海洋咸水交界处的观测》的论文①。由此可见，中国在这方面的认识显然早于西方。如从明代崔嘉祥以及所记载那位耕种潮田的老人的认识算起，则比西方同类认识要早300年。如从县名常熟开始，则早1300年。如从吴大帝开潮沟引江潮开始则早1600年。不仅仅是认识要早得多，更重要的是中国早已利用此科学原理来发展生产，在漫长的沿海地带的河口三角洲，广泛开拓和发展潮田。

潮田在近代不再发展，这主要是因为潮灌本身有较大局限性：其一，潮灌利用上潮时水位的抬升进行灌溉，因而它受潮差的制约。中国沿海的潮差在世界上虽不算小：渤海3米、黄海4米多、东海6米、南海3米，但用于潮灌，则又不算大；其二，淡水和咸水尽管不轻易融合，但日夜涨潮、退潮以及海水的其他运动，均又促进这种融合，所以在感潮河段中完全适宜灌溉的淡水的分布是有限的，在干旱少雨季节，以及河流的非汛期更是这样。这给潮灌带来更大的困难，缺乏经验或稍不小心就会引入咸水，造成农田的次生盐渍化；其三，海水上潮还常给渠道带来泥沙，造成淤塞；其四，潮田无法抵抗风暴潮的袭击。中国沿海风暴潮盛行，往往造成沿海的严重灾害。所以为了有效保卫沿海特别是富庶的三角洲的农业和人民生命财产，必须建立海塘以阻挡海潮入侵；

---

①M. B. Deacon, Oceanography, Concepts and History, Dowden, Hutchinson and Ross, Inc. 1978, P.133.

在出海河口常建潮闸，以蓄淡御潮。为此，近代中国的沿海农业区虽进一步发展，但潮田就无再发展的必要。然而潮田在中国古代的广泛发展和存在，以及人们对潮灌原理的深刻认识，不能不说是中国古代传统农业和传统海洋文化的一大创举。

（四）海洋水产养殖地均从“田”意

靠海、吃海、用海，是中国古代海洋文化的基本内涵。民以食为天，早在石器时代海洋生物的采集和捕捞，已成沿海原始人类食物的主要来源。进入农业社会后，海洋渔业更是沿海农业区人口肉食的一个重要来源。

由于某些水产品的需要日益增长，形成供不应求局面，于是便发展起像种植陆地庄稼（陆地生物）一样的种植海洋庄稼（海洋生物），从而蚝田、蚶田、蛏田、珧田等，甚至包括盐田就应运而生，大量发展，并与稻田、麦田、棉田一样均以“田”字命名，均从“田”意。同时，对有关海产养殖也理解为“种”田，如说种蚝、种蚶、种珧等。古代还有“珠池”“鲻池”之说，从陆地鱼池的“池”字。这些正是大农业属性和传统农业文化内涵的延伸和反映。

海盐与陆地的池盐、井盐均为氯化钠，成分和用途均无本质区别，可见海盐只是陆地盐的替代。

由此可见，在中国古代海洋文化中，确实是将这些传统海洋生产事业认为是陆地大农业的延伸。

第二章

畸形的海洋商业文化

世界海洋文化有两种基本类型：一种是农业性，即“以海为田”；另一种是商业性。农业性的海洋文化着眼于充分开发利用海洋生物等各种自然资源，以解决生存、发展的基本需要。中国传统海洋文化是农业性的。商业性的海洋文化，即“以海为途”，利用船舶航行航海与世界各国进行商业或掠夺，以获得远方的资源和财富。海洋文化商业性也有古老的历史。通常讲，这两种基本海洋文化在任何一个民族和国家中均有存在，只是偏重其中一种而已。

海洋商业文化在中国古代也很早，也比较发达，特别在中国江南丘陵的多山不利于农业又陆路困难的沿海地区。但是在大一统中国，农业性的大陆文化占据稳固的统治地位，执行长达数千年的重农抑商国策，因此即使在广大沿海地区，商业文化也始终没有充分发展起来。即使在某些特殊时期，如南宋偏安江南，海洋港口贸易有迅速发展。但总的讲，中国古代海洋商业性活动是不发达的，民间海洋贸易更是边缘化的，常受到挤压，被迫进行走私乃至武装走私活动。最困难时则被迫沦为海盗，明代倭寇事变主要也是这样形成的。总之，与西方海洋商业相比较，中国传统海洋商业明显是畸形的。

但发展数千年的中国传统海洋商业文化仍是内涵丰富的，值得发掘和研究。而作为本书的一章，本章只能叙述几个关键性问题以论证作者的“畸形的海洋商业”观点。

一、重农抑商的产业政策

中国古代海洋政策的最根本目的是靠海、吃海、用海，努力开发海洋资源，发展广义的海洋农业（海洋捕捞、海水养殖、海洋盐业等），发展沿海农业经济区。春秋战国时期，沿海农业经济区已迅速发展：北方有燕昭、齐鲁；南方有吴、越。这些区域诸侯国为了强国称霸，均把开发海洋、发展渔盐之利作为根本方针。当时著名的政治家均强调有关政策，如管仲（？－前645）《管子·禁藏篇》强调“利在海也”。韩非子（约前280－前233）《韩非

子·大体篇》强调“历心于山海而国家富”。

随着海洋资源特别是鱼、盐、珍珠等资源的生产，运输、销售也迅速发展起来，有关政策也随之建立和完善起来。这些产业政策核心是重农抑商，具体有：产业开发、资源保护、商业活动。由于海洋资源的开发，运输销售利润极大，沿海地区是海疆，对外交往比较频繁，故官方极力限制民间经营，因而制定了不少官营以及打击民间经营和走私活动的政策。

（一）渔业政策

渔业政策内容十分丰富，在中国古代主要包括渔业资源保护、渔官组织、土贡和渔税三个方面。

1. 渔业资源保护

（第83页有专门论述，此处从略）

2. 渔官组织

为了做好渔政工作，古代很早就设立渔官制度。《周礼·天官·䱷人》记载周代官职中有“䱷人”，即“渔人”。此官专掌捕鱼、供鱼、征收渔税及其有关渔业政令。《周礼·天官·䱷人》释䱷人为“掌以时䱷为梁”。疏：“一岁三时取鱼，皆为梁，以时取之，故云时渔为梁。”渔官在《国语·鲁语上》中称“水虞”。在《礼记·月令·季夏之月》中称“渔师”。《唐六典·河渠署》中则称“鱼师”。此书记载：“长上鱼师十人，短番鱼师一百二十人，明资鱼师一百二十人。”东晋陶侃（259－334）曾作鱼梁吏，《世说新语·贤媛》云：“陶公少时作鱼梁吏，尝以坩鲊饷母，母封鲊付使，反书责侃曰：‘汝为吏以官物见饷，非唯不益，乃增吾忧也。’”这不仅说明当时渔业已有严格管理政策，而且在管理中渔官已有贪官、清官之分。

3. 土贡和渔税

在夏代沿海地区要向中原王朝贡献海产品。《路史·后记》记载：禹定各地的贡品，“东海鱼须鱼目，南海鱼革玑珠大贝”，“北海鱼石鱼剑”。①

① 《路史·后记》，《中国海洋渔业简史》第52页引。

《禹贡》也有沿海地区贡品的记载，如青州有“厥贡盐絺。海物唯错”，徐州有“淮夷蠙珠暨鱼”，扬州有“厥篚织贝”。商代也有类似的土贡，《逸周书》记载：当时各地要“因其地势所有，献之必易，得而不贵，其为四方献令”。商初政治家伊尹根据汤的意图制定了各地的朝贡命令，其中东部沿海地区的贡物有鱼皮、鲗鰂酱，南海有珠玑、玳瑁等。周代则有“獻征”。

汉代有“海租”。《前汉书·食货志》称：耿寿昌奏请“增海租三倍，天子皆从其计。御史大夫肖望之奏言，故御史属徐宫，家在东莱，言往年加海租鱼不出。长老皆言，武帝时县官尝自渔，海鱼不出，后复予民鱼乃出”。这一段记载说明汉代渔税曾多次变化，有时税赋很重，甚至海洋渔业官营，渔民不堪重税盘剥而使渔业凋零，“鱼不出”。

唐代以后，海洋渔税大体为两种形式：一是土贡，由沿海各地进贡到京城，计有鲨鱼皮、海龟壳、珍珠、鲜干鱼、贝类等；二是直接按渔户、蟹户或按船只网具征收渔税。宋代情况与唐代相似。

元代渔税加重，明代渔税更重，而且有专职征收机关和严格渔业户籍制度。《明会典》记载：洪武十八年（1385年），令各处渔课皆收金、银、钱、钞。景泰六年（1455年），令湖广等地委官取勘渔户，凡新造船有力之家，量船大小定课米，编入册内，以补绝业户课额。由于渔税繁重及其他原因，渔民不断逃亡，影响渔业税收。清代小型捕鱼船只免收渔税，但沿海各地渔课仍然不少。

古代的土贡和渔税，各地也有差别，现分述如下：

广东历代海产贡品有：在汉代，南越王赵佗献紫贝五百，并献珊瑚。在唐代，潮阳贡鲛鱼皮十张；南海贡鼊皮三十斤；玉山贡玳瑁二具，鼊皮六十斤；海丰贡鲢鱼皮三张；朱崖贡珍珠二斤，玳瑁二具。在宋代，广州南海郡贡龟壳、水马各三十枚，鼊皮十张；湖州潮阳郡贡鲛鱼皮一张。在清代，广东渔课，按《大清会典》记载，共为八千六百八十三两二钱三分，闰年加征一百一十两二钱五分。

福建也是贡海产品的重要地方，如唐代时长乐郡贡海蛤。宋代时漳浦郡贡鲛鱼皮十张。沿海各地还有数量不小的渔税。沿海地方志，如《福清县志》《平潭县志》等均有记载。

浙江古代贡品和渔税特别重。如《元和郡县志》记载，唐代仅黄岩一地

要贡鲛鱼皮一百张。《新唐书·元稹传》记载，当时浙东“明州岁贡蚶，役邮之万人，不胜其疲”。《孔郯传》记述：当时明州岁贡淡菜、蚶、蛤等，自海抵京师，役使四十三万人，可见土贡之重。土贡中还有石首鱼、鲥鱼、鲻鱼、鲈鱼、螟干、白蟹、泥螺等。五代钱氏政权控制的浙江，赋税更重，据《咸淳临安志》记载：浙江“民免于兵革之殃，而不免于赋敛之毒，叫嚣呻吟者八十年”。元代土贡也很重，《黄岩县志》记载：贡鲨鱼皮一百六十七张。浙江还要进贡多种海产品。土贡中鲥鱼是重要贡品，明于慎行《赐鲜鲥鱼》诗“六月鲥鱼带雪寒，三千江路到长安”，正说明了这一点。

山东也是很早就向朝廷进贡海产品，在唐代，东莱、高密、东牟各郡，都要进贡海产蛤类。

（二）盐业政策

海盐是中国重要的海洋资源，海盐生产是重要的海洋经济活动，所以对海盐的生产和流动历代政治家均制定有严格的政策。

1. 盐官和盐法

盐法，即由官府制定的管理食盐产销以及征税的规章、制度、法令。盐法的历史至迟可追溯到西周专管盐业的职官——盐人。《周礼·天官·盐人》称：“盐人，掌盐之令，以共百事之盐。”春秋战国时在海洋事业发达的“海王之国”，已出现征收盐税的法令。如《管子·海王》称：“海王之国，谨正盐筴。”经过汉高祖、惠帝的“无为而治天下”，文帝、景帝的“文景之治”，西汉国力日趋强盛，工商业发展迅猛。为了抑制工商业的蓬勃发展，维护封建农业的地位，同时为了进一步增加国家财政收入，为国家对北边匈奴进行大规模军事征伐奠定雄厚的经济基础，汉武帝决定采纳桑弘羊（前152－前80）的建议，施行“盐铁官营”政策。这一政策确实在短期内为汉帝国积攒颇多的财政收入，为抗击匈奴的成功奠定了雄厚经济基础，且大大强化了封建专制中央集权，是功不可没的贡献。但从长远看，这一政策严重阻碍了商业，从而不利于社会发展。汉武帝的食盐官营，一是经济上增加了国家财政收入，二是政治上贯彻了“重农抑商”的统治方针，对于稳定汉王朝的统治是必要的。但是在统治集团内部意见并不一致。桓宽在《盐铁论》中记录了当时有关盐铁官营政策的争辩内容。东汉时废除官营，仍设官征税，直到唐乾元元年（758年），一直沿用这一制度。

唐乾元元年政府改用“榷盐法”，在产盐区实行官营官销的专卖制度。《新唐书·食货志四》：此法“尽榷天下盐，斗加时价百钱而出之，为钱一百一十”。宝应年间，进一步改变盐法，在产盐区设置监院，督促盐户自行生产，将盐税加在盐价中售给商人，听凭商人运销，以增加财政收入。韩愈（768－824）在《论变盐法事宜状》中说：“国家榷盐，粜与商人，商人纳榷，粜与百姓，则是天下百姓无贫贱富贵，皆已输钱于官矣。”[1]

从五代至宋，在部分地区实行配售制度。宋代先后实行“折中法”“盐钞法”和“引法”。折中法是允许商人缴纳钱帛、粮草，换取定额的茶、盐，在指定地区销售。这是因为宋初，由于货币缺乏，沿边军用浩繁，故准许商人在京师缴纳金银丝帛，发给“交引”，凭此到盐场取盐运销。北宋雍熙二年（985年），则命商人将粮草运到沿边地区，按照路程远近，分别发给“交引”，商人凭此可以到江淮等地领盐。端拱二年（989年），在京师设“折中仓”，商人将米、豆等交仓，就可到江淮等地领盐。后因商人操纵盐价，掠取暴利，折中法遭到破坏。庆历八年（1048年）实行“盐钞法”，是商人凭盐钞运销盐的制度。北宋至明末，又实行“引法”，官府准许商人缴款领引，凭引运销茶、盐的制度。

明代先实行“开中法”，即准许商人向沿边缴纳粮草，凭引领盐，运销到指定的地区。《明史·食货志四》：洪武三年（1370年）“召商输粮而与之盐，谓之开中。其后各行省边境多召商中盐，以为军储。盐法、边计相辅而行”。后实行“引法”，在万历四十五年（1617年）又改行“纲法”，清代继续实行此法。这是准许商人垄断食盐收购运销的制度，就是按照商人所领盐引编成纲册，每年以一纲凭积存旧引支盐运销，以九纲用新引由商人直接向盐户收购运销。这样经九年就可把旧引收尽。纲册允许商人较长期据为“窝本”（专利的凭证），每年照册分派新引。商人获得这种垄断特权，还被允许作为世业，有的商人便和官府勾结起来，操纵盐价，掠取暴利。

---

①《论变盐法事宜状》，《昌黎集》卷40。

2.官盐和私盐

各个朝代官营产销的食盐称为官盐。盐户、盐商自行产销以及官员挟带的食盐称为私盐。汉武帝元狩四年（公元前119年）采纳桑弘羊建议，由官府垄断食盐的产制运销，颁布私煮禁令。但民间仍有私制私贩，难以禁绝，因此社会上就有官盐、私盐之分。唐宝应元年（762年），置巡院十三所，查捕私盐。此后历代为了维护盐法，维护官府的财政收入和通商之利，制定了种种法则条令，严禁私盐。但在执法混乱，陋规纷繁，重税盘剥之下，私盐不但从未绝迹，而且越禁越多。顾炎武（1613－1682）在《日知录·行盐》中说："行盐地分有远近不同。远于官而近于私，则兴贩之徒必兴，于是乎盗贼多而刑狱滋矣。"清初李雯《蓼斋集·盐策》："夫盐之利一也，与其榷于官，不如通于商。"他主张全部由商人经营，并进而指出："盖天下皆私盐，则天下皆官盐也。"

3.渔业用盐政策

用盐腌制是鱼类、水产防腐保存的基本方法，但此法用盐量很大，一般要有渔获物重量20%的盐，才能达到长久保存的目的。所以盐价的高低，也直接影响着海洋渔业的发展。中国古代有着专门的渔业用盐政策。

盐价历来很高，清代中期以前，对于渔业用盐听凭渔民"自由买卖"，渔民无力购买，无法腌鱼，所以海产只能在沿海地区就近销售，价格很低，甚至大批烂掉。清代末年，沿海一些地方对于渔业用盐一律向官府购买，由盐政部门发票征税，但购盐数量有限定。

沿海各地的渔业用盐政策，在古代不尽相同。广东渔业用盐，历来无限制，渔船出海前就近购买。清光绪三十一年（1905年），省府决定对渔业用盐征税，渔民一律购用官盐，官府发票征饷。渔船分六等，自一等至六等，分别为9000斤、7000斤、4000斤、500斤、400斤、300斤。福建渔业用盐，在清末均用私盐，不纳课税。官厅为了抵补渔业用盐无税的损失，在琯江设立了渔配局，专门征收未交税的盐腌制海产品的课税。浙江在清末，渔业用盐由盐场负责配放。即由盐运使署刊印渔盐署登记折及购盐执照，发交秤放局查明颁发，并编号注册，渔民按折交税。江苏、山东渔业用盐长期自由购买。河北渔业用盐多用土盐，无一定课税，至光绪二十一年（1895年），才规定渔业用盐必须购买官盐，以便收税。

（三）采珠政策

珍珠是重要的海洋宝物，西汉已有大规模开采。历代采珠量都很大，所以颁发了不少政策和法令。晋时陶璜已经建议对采珠实行征税的政策。《晋书·陶璜传》称：三国“吴时珠禁甚严，虑百姓私散好珠，禁绝来去，人以饥困。又所调猥多，限每不充。今请上珠三分输二，次者输一，粗者蠲除。自十月讫二月，非采上珠之时，听商旅往来如旧”。这一建议得到晋帝的同意。隋唐时代广东采珠起色不大，因而朝廷采取了“与民共利”鼓励百姓采珠的政策。五代十国时，南汉王朝极为奢侈，曾“置兵八千人专以采珠”。公元972年宋太祖平定岭南后，实行珠禁政策，解散了采珠士兵，也不准珠民采珠。宋徽宗时解除珠禁，采珠业方始恢复。至元代对珠民采珠实行鼓励政策，在广州、廉州设立专管采珠的行政机构——采珠提举司。而明代皇帝又钦定禁令，珠民私自采珠要受重罚。据《古今事物考》卷3：“弘治七年，差太监一员，看守广东廉州府杨梅、青莺、平江三处珠池、兼巡捕廉、琼二府，并带官永安珠池。”弘治十四年（1501年）正式公布了盗珠定罪的法令。《明会典》：凡是携带器械下海采珠者，一律定死罪；采珠时持杖拒捕、集聚二十人以联合采珠，采珠十两以上者，发配云南、广西充军。职官有犯，也要定罪①。自成化二十年（1484年）以后，皇帝反复派太监看守广东珠池，不准珠民和地方政府采捞。由于太监横行无度，曾多次激起民变。当时宋应星（1587－?）强调，采珠不能过度，应保护珠源。他在《天工开物·珍宝》中指出：“凡珠生止有此数，采取太频，则其生不继。经数十年不采，则蚌乃安其身，繁其子孙而广孕宝质。”当时也还有其他人专门上书，劝朝廷节制采珠，但根本不起作用。

二、远航的非商业性

中国古代远航的非商业性已在本书第七章《非商业性的远航》，特别是

① 《明会典》，《中国海洋渔业简史》第224页。

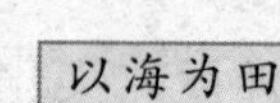

其中第三节《本质不同的中西远航》得到论证。

由于中国几千年来实行“重农抑商”国策，古代远航基本是非商业性的，例如：徐福航海、鉴真东渡、法显求佛、元世祖忽必烈（1215－1294）征讨日本、郑和七下西洋、明代册封琉球等均是非商业性的。

至于民间远航虽在明清东南沿海商业活动活跃，但中国政府是不让老百姓出海经商的，所以基本是走私活动，因此规模不会大，无法与政府鼓励的外国商人相比较的。无国界的商品流通，是由自然经济过渡为商品经济必要的条件。在这个问题上，中西方国家有着完全不同的态度和政策。为了发展海外贸易，扩大商品再生产，积累资本，英、荷、法等西方国家纷纷支持和鼓励本国商人组织成立贸易公司，瑞典、丹麦、苏格兰、普鲁士也各自鼓励其商人发展海外贸易，成立自己的贸易公司，并给予各种特权。他们常以炮舰政策干涉侵犯他国内政，为其经济侵入开路。可是，中国明代封建皇帝恰恰和西方国家相反，实行海禁，“寸板不许下海，寸货不许入番”。这种态度和政策，扼杀了国内资本主义的幼芽。明代后期封建朝廷虽然弛海禁、发给舶商文引，但与西方国家对贸易公司的特许证书相比较，仍是截然不同的两种政策。西方国家的东印度公司有时也要给皇家金库缴纳税款，但是，如果他们在贸易上碰到困难，可以得到皇家的补助，为了竞争，有时还可以得到国家关税政策的保护。而中国朝廷所关注的只是尽可能征抽名目繁多的税饷，不顾本国舶商的死活，根本谈不上什么补助与保护。更有甚者，“封建伦理把出洋贸易的商人和水手视为弃民，因为他们不能守在家里尽孝。官府对发生在吕宋、爪哇的屠杀华侨事件置若罔闻，一再勒令海外侨民返回。一般社会心理总是把下海谋生视为人生的悲惨事件，好像已经为亲族邻里所摒弃。”[①]至于那许多不应被视为盗寇的人们及其后裔，则更悲惨。他们离乡背井，异地飘零，不是无家可归，就是有家难归。好在中国人民向来与东南亚各国人民友好，经常贸易往来，长时间和平共处，互相帮助，他们才有个落脚谋生之地。

①张少均，《试论中国古代海洋文化》，《中国海洋报》1992年8月12日。

三、市舶政策和朝贡贸易

尽管中国推行重农抑商国策，不支持商业活动，但国外商人不远千里万里，冒着船毁人亡危险来到中国贸易，这本身象征“普天之下莫非王土”的天朝大国的富裕和威严。所以朝廷对港口贸易是支持的。中外港口贸易始于秦代，汉代时有了更大发展，但总的说来，在唐代以前，朝廷尚未看清海关收入的可贵，故港口国际贸易规模不大，未设立海关——市舶司，港口国际贸易的管理没有专门机构，均由当地的行政机构兼管。

唐代，港口贸易空前繁荣起来，而且以海上为盛。阿拉伯、波斯、日本、朝鲜、印度、南洋的商船云集广州、扬州等地进行贸易。为此唐朝开始设立专门的管理机构“市舶司”，亦称“押蕃舶使”，负责征税、检验商品，对朝廷需要的珠宝、香料等实行专买专卖等国际贸易的管理。

唐代设立市舶司后，把市舶利益从地方官手中夺过来。为了增加实际收入，选派得力清廉的官员到广州主持行政。《送郑尚书序》：“若岭南帅得其人……外国之货日至，珠、香、象、犀、玳瑁、奇物溢于中国，不可胜数。故选帅常重于他镇。”[①]同时选派太监去充任市舶官员，具体管理外贸和海关税收，且赋予地方官监督市舶司工作之责。唐代税收有：“番舶之至泊步，有下碇之税”“番商贩到龙脑、沉香、丁香、白豆蔻四色，并抽解一分”。[②]

当时来华番舶和贸易情况，《唐国史补》卷下明确记载：“南海舶，外国船也。每岁至安南、广州。师子国舶最大，梯而上下数丈，皆积宝货。至则本道奏报，郡邑为之喧阗。有番长为主领，市舶使籍其名物，纳舶脚，禁珍异，番商有以欺诈入牢狱者。”当时广州港国际贸易十分发达。《旧唐书·李勉传》记载，广州港每年进港的外国船舶数量多达“四千余柁”，可见盛况空前。当时外商在中国各地进行贸易，都要领取地方官发给的身份证和市舶司发给的所携带银钱及商货数的证明文件。如果持有上述两种证件的外商，在旅途

① 《送郑尚书序》，《昌黎集》卷2。

② 《孔戣墓志铭》，《昌黎集》卷33。

中丢失货物，官府要负责查找。如外商不幸身亡，官府要负责保管货物，等待交还其继承人[①]。唐朝采取招徕外商、保护外商的政策，一再打击贪赃枉法、敲诈勒索外商的官员，得到外商的信赖，因此外贸活动更加活跃，市舶的税收也更多。

北宋时，华北东北大部分土地先后为辽及女真族所占，把宋朝政府赶至淮河以南，而南宋更偏安江南，版图还不及北宋的三分之二。土地缩小，税收减少，而军费却不断扩大，财政严重困难，不得不特别重视港口国际贸易。《宋会要辑稿》卷44记载："市舶之利最厚，若措置合宜，所得动以百万计，岂不胜之于民，朕所以留意于此，庶几可以少宽民力尔。"宋代发展市舶，在广州，福建的泉州，两浙的明州、杭州，温州以及苏州、华亭县、江阴军等地，设立了市舶司或市舶务，其市舶使由地方官兼任。

南宋市舶收入在古代是最高的，但在国家总收入中的比例究竟有多大，这在学术界是有分歧的，有说占二十分之一（5%），有说占十分之一（10%），有说占五分之一（20%）。但新的看法认为，只在百分之一至二之间摆动，比不上盐利和茶息，更"远逊于'大农之财'"。[②]

为了扩大港口国际贸易，南宋政府采取了一系列措施：其一，保障外商的正当权益，如果市舶官员强行征收不合理的商税和收购货物，允许外商向政府提出控告；其二，设法解决外商的困难，如遇风险漂泊而来的外商，应给予救援与帮助。如外商船主遇难，市舶官员必须负责清点并保管其货物，待其亲属前来认领；其三，为外商贸易准备必要的条件，如建立贮存货物的仓库（市舶库），来往住宿的宾馆，如在明州便建有高丽馆、波斯馆等；其四，讲究迎送礼节，外商来时，市舶官员要亲自前往码头迎接，外商归国时，市舶官员要设宴慰劳送别，叫做"犒设"，并要"支送酒食"，亲自到码头"临水送之"，还要定期举行宴会。《岭外代答》卷3："岁十月，提举（市舶）司大（犒）设番商而遣之。"此外要为之祈求顺风。

南宋政府为了扩大海外贸易，对招徕外商来华贸易成绩显著的市舶"纲首"，还规定予以官爵，作为奖赏。比如《宋史》卷185记载，绍兴六年

①参考《苏莱曼东游记》，中华书局，1937年，第33—38页。

②郭正忠，《南宋海外贸易收入及其在财政岁赋中的比率》，《中华文史论丛》1982年第1辑。

（1136年）就明文规定“诸市舶纲首能招诱舶舟，抽解物货，累价及五万贯十万贯者，补官有差”。《宋会要辑稿》卷44记载，当时番舶纲首蔡景芳从建炎元年（1127年）至绍兴四年（1134年）因“招诱”贩来货物净利收入高达98万余贯之多，宋政府就于绍兴六年（1136年）底授予这位平民为“承信郎”。

另外，对市舶司的官员，能做到增加收入者，亦作出升官的规定。《宋史》卷185：“闽、广舶务监官抽买乳香每及一百万两，转一官；又招商入番兴贩，舟还在罢任后，亦以此推赏。然海商入番，以兴贩为招诱侥幸者甚众。”这是赏，反之则罚。如使市舶亏损、外商赔本的则要受到降官处分。总之，这一系列措施的制定和推行，对鼓励外商来华贸易，中国商人出洋贩卖都收到了很大的功效，有力地促进两宋时期进出口贸易。

元朝是比以往历代开设对外口岸最多的王朝，先后在广州、泉州、杭州、庆元、温州、澉浦和上海等处设立市舶司，同近百个国家和地区有贸易关系。元朝对进口货物征百分之十到百分之七的低税，以鼓励外商来华贸易。官府也直接出资经营进出口贸易，由官府自备船只和本钱，选商人出海贸易，所得利息，官取七分，商人取三分。元代还把专门从事海外贸易的舶商、艄公等单独开列户籍，加以保护，这种商户可以免除差役。此外元代只有“抽解”（征税）、“抽买”（市舶司收购的部分）而没有“禁榷”，政策比宋代更为放宽。

明代一度实行海禁，开禁后在宁波、泉州、广州设置市舶司，明代中后期由于倭寇在沿海侵扰，所以又有海禁。值得强调的是明洪武、永乐年间，朝廷竟不顾巨额关税损失，改变唐、宋、元的市舶制度，实行“朝贡贸易制度”。外国商船只要向明廷朝贡，就能恩准上岸贸易。《明史·食货志》：“海外诸国入贡，许附载方物与中国贸易，因设市舶司置提举官以领之。”《续文献通考》卷26：“贡舶与市舶一事也……是有贡舶，即有互市，非入贡即不许其互市矣。”这种贸易不抽关税。《续文献通考》卷26：“洪武四年，谕福建行省，占城海舶货物皆免征，以示怀柔之意。是年九月，户部言：高丽、三佛齐入贡……并请征其税，诏勿征。”又“永乐元年十月西洋琐里国王遣使来贡，附载胡椒与民互市，有司请征税。命勿征。又剌泥国、回回哈只马、哈没剌泥等来贡，因附载胡椒与民互市，有司请征其税，帝亦不听”。明朝廷对于“贡品”不仅不征税，往往还要付给比市价高得多的钱。《明史·外国传》：“礼官言，宣德间所贡硫黄、苏木、刀、扇、漆器之属，估时直给钱抄，或支折布帛，为数无多，然已获大利。”这种损己利人的政策，最后导致不得不对各国朝贡次数大加限制。《大明会典·朝贡录》记载：明廷规定琉球二年一贡，安南、占城、高丽三年一贡，日本七年一贡，其他各国大多为三年一贡。

清初为了巩固统治，也实行海禁，直到康熙二十三年（1684年）才废止。次年宣布广州、漳州、宁波、云台山（连云港）四处为对外贸易口岸，分别设置粤、闽、浙、江海关。从此长达千年的以市舶为名的制度结束，开始设置正规海关的历史。与此同时，朝廷对外贸易的限制也有所放松，商船经批准可以出海，外来船只也逐渐增多。但总的来说，清朝实行的是限制性的对外贸易，外贸要经过严格的审批，许多商品如铁器、米粮、书籍等被严禁出口。乾隆二十二年（1757年）清政府取消了闽、浙、江三处海关，限定广州为单一对外口岸，并逐渐实行封建性的垄断贸易，由广州十三行为代表的行商操纵、垄断国际贸易，这种局面一直维持到鸦片战争爆发前夕。

十三行亦称“洋行”、“洋货行”等，是清乾隆年间，经官府特许，在广州成立的经营对外贸易的商行。十三行负有承保和缴纳外洋货税款、规礼，传达官府有关法令，管理外商等义务，并有对外贸易的特权。但十三行倚仗官僚势力，垄断进出口贸易，久之又与外商勾结，狼狈为奸。鸦片就是在这一外贸制度下逐年偷运进入中国的。日久弊积，几乎无法禁止，因而导致鸦片战争的爆发。

当时，中国对各国在华商馆，亦定有规则：（1）外国兵舰不许进口（岸）；（2）馆内不得留有妇女、枪炮；（3）领港人及买办向澳门华官登记，外国商船除非在买办监视下，不得与其他商民交易；（4）外人与中国官吏交涉，必须经由公行，不得直接行动；（5）外人买卖须经行商之手，即留居商馆者，亦不得随意出入；（6）外国商船得直接航行黄埔停泊，以河外为限，不得逾越；（7）行商不准负欠外人债务；（8）通商期过，外人不得居广州，通商期内货物购齐，即须装运，不得逗留。①

---

①王洸，《中国水运志》，台北中华大典编印会，1966年，第35页。

上面各条规则，有些是合理的，有些过于苛刻，或存在漏洞。但主权操之我手；与鸦片战争之后，主权操在外人之手，有天渊之别。

四、海禁

海禁是朝廷在特定情况下，对海疆的封锁。它不同于在正常情况下，对进出领海所制定的规定措施。广义的海禁，在中国古代常有实施。其目的，一是针对处于对抗状态下的异国或其他政权，防止他们进攻；二是针对老百姓及地方势力，阻止他们去海外经商牟利。明代实行海禁就有上述两个目的。14世纪以来，中国沿海常有倭寇出没，进行抢夺杀戮。元末明初开始，倭寇已成中国沿海大患，朝廷被迫实行海禁政策。在明代嘉靖、隆庆年间，由于东南沿海商品经济发展，沿海地区人民反对海禁，迫切要求去海外贸易，与日本及东南亚各国进行商品交流。所以“公元十六世纪的明代‘海盗’，应当是我国原始积累过程的历史产物”[①]。然而，朝廷为阻止商品流通，抑制资本主义萌芽，则继续采取海禁政策[②]。由此可见，元末明初的海禁与明中叶的海禁，在性质上是有某些变化的。

明初海禁主要在洪武时，这类记载很多。如《明太祖实录》卷70：洪武四年（1371年）“仍禁濒海民不得私出海”。卷139：洪武十四年（1381年）“禁濒海民私通海外诸国”。海禁不仅禁老百姓，也禁地方官出海牟利。《明太祖实录》卷70：“近闻福建兴化卫指挥李兴、李春私遣人出海行贾，则滨海军卫岂无知彼所为者乎？苟不禁戒，则人皆惑利而陷于刑宪矣。尔其遣人谕之，有犯者论如律。”

有关明代海禁政策条例虽有许多记载，但均较零散。在《明会典》卷167《刑部·律例·私出外境及违禁》中，有系统的明文记载。

明代为抗御倭寇，实行海禁政策时，对渔民进行严格管理，曾把渔民组

①李询，《公元十六世纪的中国海盗》，《明清史国际学术讨论会论文集》，天津人民出版社，1982年。

②戴裔煊，《明代嘉隆间的倭寇海盗与中国资本主义的萌芽》，中国社会科学出版社，1982年，第1页。

织成罟棚或粽等组织，作为渔民生产和海防的基层单位。罟棚的具体组织方法是，联合八九条或十余条渔船为一棚。每棚有料船一艘，随之腌鱼。各船之间，互相帮助，互相监督。清代为了监督和管理渔民，曾两次下诏在沿海地区建立渔团。当时举办渔团最得力者是浙江省。1896年，浙江省在宁波、温州、台州等地举办渔团，并制定以下具体章程：勤编查，严互结，严连坐，定赏罚，严稽查，牌照，裁减规费俾渔民乐从等七条①。这些章程和办法，多是预防渔民造反，对渔民甚少好处。

海禁政策有它的海防意义，但在另一方面，也打击了中国沿海地区的商品流通和资本主义萌芽，助长了海上走私活动。在明嘉靖、隆庆年间，往往以武装走私的中国商人为主，还包括日本海盗和西方海盗。当时中国有不少政治家提议解除海禁，认为这不仅可促进中外商品流通，而且可以解除倭寇之乱，是一举两得之事。隆庆、万历年间，明廷被迫开放东西洋海禁，发给商舶文引，准许在东西两洋贩卖，征收税饷，实行对商舶搜刮榨取。如请领文引要引税，东西洋每引税银三两，鸡笼淡水税银一两，后来增加东西洋税银六两，鸡笼淡水税银二两。征税的项目有“水饷”“陆饷”“加增饷”等。监督收税的则是皇帝的近侍，亦即所谓中贵人太监。实质上是供皇帝及权贵挥霍无度，并不是用于发展国家经济。所以“禁海固然妨碍超出国家界限商品的流通，弛禁实际上是寓禁于征，对积累资本，扩大商品再生产不但没有帮助，甚至还有更坏的影响”。②

五、活跃的民间贸易

中国东南沿海多山而少土，几乎无法从事农耕为主的生计，只能以海为途，从事海洋贸易活动，作为维持生活的重要手段，有着海洋商业文化的传统。

---

①《中国海洋渔业简史》，第91－92页。

②戴裔煊，《明代嘉隆间的倭寇海盗与中国资本主义的萌芽》，中国社会科学出版社，1982年，第80页。

至宋代，社会经济重心南移，东南沿海成为富庶地区。随着宋元经济的发展，对海洋贸易的重视，民间海洋贸易也迅速发展起来。尽管民间海洋贸易一直受到重农抑商政策的打击以及官商的排挤，但民间海洋贸易商因熟悉海洋与海洋国家情况，清楚东西洋航线的山形水势以及与番商有广泛的利益结合，因此在宋元时期迅速发展起来。

《古代亚洲的海洋贸易与闽南商人》一文[①]反映了闽南商人在海洋贸易上的杰出成就。该文指出，闽南商人这个族群拥有悠久的航海历史传统。早在公元10世纪初，这批生活在中国东南沿海边远地区且与外界隔绝的居民，就已经把自己的目光投向了大洋彼岸的异国他乡。根据古代典籍的零星记载，闽南商人在海外积极经商，其足迹遍布北起高丽、南至苏门答腊岛的东西洋各商埠。随着海上贸易的发展，闽南商贾开始旅居国外，其中有些人甚至长期在海外侨居。闽南商贾的适应力极强，能很快地适应海外不同的生存环境。不过，他们仍然经常依靠各种制度化安排的机制来保护或促进其商业利益的发展。闽南商人总是极有创意地建立起各种不同的商业机制，并建构起不同的族群关系网络。除了在日常的商业活动中建立、扩展并涵盖不同方面和层次的关系网络外，闽南商人还形成与其他中国商人群体不同的文化习俗特色。作为近代亚洲早期最具企业开拓精神的商贸群体，闽南商贾在古代亚洲航海贸易史上的表现可圈可点。

经过宋元两个朝代，中国东南沿海已经经历了方兴未艾的海洋贸易时代，一个围绕着中国渤海、黄海、东海和南中国海的商贸圈已经形成，而通向印度、非洲的远洋航线也已经形成，中国人生产的丝绸、茶叶、瓷器等是当时最受欢迎的商品。东南沿海的居民已经成依靠海洋贸易为生的一群人。

海商与海盗为了从事海外贸易，开发海岛，在江、浙、闽、粤沿海及岛屿开辟与营建一些基地和港口，如福建的泉州港外围港澳围头是海盗亦商活动而兴起的民间自由贸易港市，江苏苏州太仓市是海盗开辟与营建的最大商业港市，浙江宁波双屿则是明嘉靖年间海盗与海商开辟的一个典型的民间海外自由贸易港口等，这些基地与港口很快成为新兴港市，呈现中外商船辐辏、商贾云

①钱江、亚军、路熙佳，《古代亚洲的海洋贸易与闽南商人》，《海交史研究》2011年第2期“摘要”。

集的繁荣景象。在宋代开拓的海上交通线基础上，元初，海盗朱清、张瑄致力海外交通贸易，他们的巨舶商舡 “通诸蛮”，开拓太仓同日本、高丽和南洋安南、爪哇等国和地区之间的海外交通航线。到明朝末年，形成了两条海上交通大干线：一条从山东、江、浙、闽、粤沿海港口通往日本和朝鲜等国；一条从江、浙、闽、粤通往交趾、占城、柬埔寨、暹罗、彭亨、爪哇、旧港、马六甲等国家和地区。他们在开辟与拓展海外航线的实践中，积累了丰富的航海经验和知识，了解和熟悉海洋情况，经过海商、海盗与航海者长期共同努力开辟海内外交通航线，形成了四通八达的海上交通网，这对促进南北地区与沿海各地之间的经济联系，起到了积极作用，也推动了我国同世界各国通航和进行国际经济文化的交流。[①]

在明初的高压下，与番通商、贸易发财的冲动被压抑了，那些迎风远航的中国帆船不见了。但是贸易、赚钱、利润一经发现，就无法阻挡，人们甘愿铤而走险。何况越是禁止，中国货就越缺，价格就越高，走私的诱惑就越大。当时行销日本的一些商品的利润高达10倍以上。

郑开广的《中国海盗史》一书，以大量史实为基础进行研究，揭示了500年前，宁波的双屿岛一度成为世界贸易中心的传奇及其中国近代历史上一段鲜为人知的对外开放的悲剧。500年前，明王朝实行最严厉的海禁政策，王直的海盗武装走私集团经营的宁波双屿岛（今舟山六横岛）却是全球性的贸易中心，被中日历史学家称为“16世纪的上海”。全球商品、财富在这里交换、中转、集散。来自日本、西班牙等地的白银源源不断地运到这里，换取中国的丝绸、瓷器和茶叶。葡萄牙在上面建立教堂、医院、市政厅等，岛上居民多达数千人，葡萄牙人就有1200人。台州蛇蟠岛曾是双屿岛的分埠。1548年浙江巡抚朱纨率大军捣毁了双屿岛。从事海上贸易的葡萄牙人，经蛇蟠岛向南转移到福建的浯屿港、月港，继续与王直集团合作。漳州附近成了新的贸易中心。此后，明朝闭关锁国的海禁政策，又将葡萄牙人赶到了广东珠江口。

双屿岛的传奇生动地反映出中国民间海洋贸易的巨大能量，它的大起大落成为中国近代史上的一大遗憾。为此，有历史学家评述：“500年前的中国，曾经是当之无愧的世界贸易中心，假如当时的明朝政府不去攻剿双屿岛，

①郑长青，《填补我国史学研究空白的专著——浅评〈中国海盗史〉》，[http://www.greenguest:.com]。

而是打开国门，放开海禁，利用中国的压倒性贸易优势，富民强国，中国的世界贸易中心地位可能保持500年至今，鸦片战争以后的所有民族灾难或可避免。康熙皇帝收复台湾后，曾经开放海禁，晚年再次禁海。而同时代的俄罗斯彼得大帝则励精图治，疯狂地推动海外贸易和工商业。此时，距英国用枪炮打开中国的大门，只有100多年了。中国在全球化中掌握自己的命运、拥有强势地位的机遇，始于宁波双屿岛，终于康熙晚年的禁海。面对500年来的沧桑，我们不得不承认：曾经，中国人有机会把全球化的主动权和船舵都掌握在自己的手里，我们曾离成为世界财富中心如此之近。”①

宁波双屿岛传奇被揭示后，立即受到学术界的重视，影响颇大。正是在这种情况下，有不少学者在自己的研究论文中引用该书的论点和资料，拓展自己的新观点。如：《河南师大学报》2005年第1期李德元的《质疑主流：对中国传统海洋文化的反思》，《中国论文下载中心》2006年4月18日李德元的《明清时期海岛开发模式研究》，《湛江师范学院学报》2002年第2期吴建华的《海上丝绸之路与粤洋西路之海盗》以及池敬嘉的《郑和下西洋的真正目的是什么？》等。②

其实，双屿岛传奇只能反映海洋文化的确有开放性和商业化倾向。这在天高皇帝远的某些东南沿海，特别是海岛地区，在特定时期，海洋商业文化可以迅猛发展。但这些商业活动只能以走私、武装走私乃至海盗走私形式存在。这只能说明在重农抑商为国策的中国古代社会里，海洋商业活动是不能成为主流的、无持续性的，是无法取代海洋文化农业性的主流地位的。“双屿岛传奇”并不是海洋商业文化的迅速崛起，而只是这种崛起的昙花一现。

六、走私与海盗

中国海盗的兴起、发展与衰落是有其时代背景与社会根源的。其社会根源是“官府横征暴敛，迫民出海为盗”。从夏商周至春秋战国奴隶社会向封建

①葛其荣，《冲不破的海禁——中国历史上一段鲜为人知的对外开放悲剧》，[http://blog.sina.com.cn/s/blog_4ab31f71010007n0.html]。

②杨国宜，《开拓创新 填补空白——喜读〈中国海盗史〉》，[http://www.greenguest.com]。

社会过渡的历史时期，海盗的主要成员是没有人身自由和权利的奴隶、农人及东夷、南蛮族人，他们逃亡海上是求生存与反抗奴隶主贵族的活动。历史进入封建社会时期，海盗成员的成分构成发生变化。秦汉至隋唐五代时期，海盗成员来自遭受封建统治阶级残酷压迫和剥削的沿海农民、盐丁以及部分叛兵。至宋代，东南地区社会经济发展、工商业繁荣，海商兴起，其中有些海商成为海盗新成员。降及明清时期，随着商品经济发展，海禁政策实施，出海参加海盗活动的人数大增，海盗人员成分更加复杂。这时期，海盗的主要成员是东南沿海地区破产农民、流民、渔民、沙民、疍民、手工业者、小商贩、船户与海商，以及奴仆。还包括“亡命者”“无赖”“凶徒”罢吏、僧道和失意儒士。海盗成员虽然来自各个阶层的诸色人等，但其中的绝大多数是由于东南沿海地区地瘠民贫、田少人众，民资海为生，又由于天灾人祸肆虐，官府横征暴敛，经常发生“生存危机”，为谋生活和求生存，从而成群结队出海以当海盗为“职业”。清初东南沿海的海盗与抗清、抗击西方侵略者的斗争相结合，后来遭到清政府的严厉镇压，加之西方殖民主义的军舰横行海上，中国古典式的海盗活动走向衰落。

（一）中西海盗文化的差异

中西海盗文化有着大的差异。在西方，海盗是主动的进取者，因为拥有更自由的活动范围，他们往往带着英雄般的神秘色彩，被认为是推动社会进步和经济发展的重要力量，从事海盗行业成为一种实现个人价值的壮举。北欧的丹麦、瑞典和挪威等国在历史上曾经有过所谓“海盗时代”，被称为“海盗国家”“海盗民族”。他们的活动固然造成了骇人听闻的烧杀、抢劫、征服和殖民，给受害者带来了直接的经济损失和无穷灾难，但确实在发展贸易、开发海洋、促进各地社会发展方面，做出了值得肯定的贡献。因此，西方社会常以海盗为荣，视海盗为海洋勇士、英雄。海盗常常得到政府的支持，跻身政府，乃至成为贵族，当上总督。文艺作品中，诸如《海盗船长》《海盗女王》《海上恩仇记》等反映海盗生活的图书和影片，颇为畅销。可见，海盗在人们心目中并不坏。

在中国海盗给人们留下的印象，从传统思想的主流上看是不高的。中国海盗是被动的反叛者，“道不行，乘槎浮于海；人之患，束带冠于朝”，所谓官逼民反，民不得不反。但富于讽刺意味的是，统治者越是加强海禁政策，海盗的活动越是猖狂。《二十六史》中，对海盗的记载虽然不少，但对其评价一般都持否定态度，直接以盗、寇、贼、匪等贬义名词称之。政府大都采取坚决镇压、除恶务尽的态度，普通百姓也是避之唯恐不及，以免惹火烧身。学术界、文艺界对他们的评价，似乎也远远没有达到西方国家的水平。中国海盗长久以来生活在社会的边缘，成为历朝政府围剿的对象，特别是到明清时期，海盗与政府之间进行的较量愈加直接、残酷。

中国海盗在战乱纷起和海禁政策严格执行的年代尤为严重。史书中对中国海盗有详细记载的要上溯到东晋末年。那时，孙恩和卢循发起的海上大起义从公元398年至411年，历时长达十三年。有近百万人的海盗大军，其势纵横江南，影响东南海洋。唐宋年间中外海上贸易频繁，沿海地区很少发生海盗扰乱民众的事。但到了元明清这几个朝代，海禁政策越是严格，海患越是严重。元末，各地起义不断，浙江台州人方国珍在海上起兵，对元朝的海上粮道产生巨大的威胁，为推翻元朝的统治起到了很大的牵制作用。而在西方，海盗兴盛大多在帝国强盛时期，需对外经商贸易，扩充版图，掠夺财富，以确定本国在海上的地位。

中国海盗大多因受当朝的残酷压迫，由善从恶。因其与普通民众存在相似的命运，所以有些海盗通常受到沿海民众的暗地保护，民与盗互相照顾，互不侵犯打扰，政府发布缉盗令，民则在其间充当通风报信者。中国海盗这种明显的农民起义形式，是中国海盗起义持续时间长、跨度广的一个重要原因。

（二）海禁与倭寇

明朝与前面宋元两朝的一个重要区别是对农业的重视和对商业的排斥。中国历来执行重农抑商的国策，到明代，朱元璋更是强烈推行重农抑商政策，常用本末二字指称农和商。他常说“一夫不耕，民有受饥者；一女不织，民有受寒者”，这里哪有商的位置。尽管明初中国民间海洋贸易十分发达，但明朝的统治者不仅不能理解海洋贸易，而且对像王直这样的在家门口的贸易他们也必须彻底消灭而后快。

中国东南沿海多山而少土，几乎无法以农耕为生，民众一向有从事海上贸易的传统，作为维持生计的重要手段。其时的中国东南沿海已经进入了世界

商贸圈，海洋更成为民众生计的根本。既然这些人依靠海洋贸易为生，那么海禁就等于剥夺了他们生存的基础，他们只能铤而走险，违法经营，武装走私。武装走私做不成，那只好上岸以劫掠烧杀为生。于是中国沿海一带商人转为“倭寇”也就很自然了。

在明代某些明白人早就看出了这一点。曾参与官府追剿“倭寇”的谭纶说：“闽人滨海而居者不知其几也，大抵非为生于海则不得食。海上之国方千里者不知凡几也，无中国绫绵丝缎之物则不可以为国。禁之愈严则其值愈厚，而趋之者愈众。私通不得则攘夺随之。昔人谓弊源如鼠穴也，须留一个，若要都塞了，好处俱穿破，意正在此。今非惟外夷，即本处鱼虾之利与广东贩米之商、漳州白糖诸货皆一切禁罢，则有无何所于通，衣食何所从出？如之何不相率而勾引为盗也。”这段话揭示了我国沿海民众由合法贸易到走私商人再到武装反叛的过程。

明万历福建长乐人谢杰所著《一台倭纂》对“倭寇”起源的记载如下：“倭夷之蠢蠢者，自昔鄙之曰奴，其为中国患，皆潮人、漳人、宁绍人主之也。其人众其地不足以供，势不能不食其力于外，漳潮以番舶为利，宁绍及浙沿海以市商灶户为利，初皆不为盗。”《虔台倭纂》载：寇与商同是人，市通则寇转为商，市禁则商转为寇……禁愈严而寇愈盛。于是我们看到这样的现象：海禁松弛或开放海禁，则倭患息，海禁严则倭患起。明代嘉靖年间的这场倭患，实质是中国民间海商集团的武装走私贸易与明王朝海禁政策一场持久的大规模的冲突。这期间固然有真的倭寇和流民盗贼参与，但性质并不因此改变。凡此种种均说明了所谓“倭寇”其实均为东南沿海的中国人领导，而且“初皆不为盗”。正是官府断绝了他们的生路才导致了倭寇风行海上。①

（三）王直与胡宗宪

倭乱规模之大不亚于任何一次农民起义，但是如此规模的动乱却是无声的，只能听到官方的声音，另一方是沉默的。幸亏王直披露了一下他们的心声，否则他们将带着一个“倭寇”恶名永沉地狱②。更幸亏《中国海盗史》全

①《明代“倭寇”是怎么来的》，[http://hi.baidu.com/hugee/item/dc2b90c03ae43d46a9ba9483]

②“倭寇非倭，首领都是中国人”，[单之蔷，《一个明朝海盗的心愿》（节选），《国家地理杂志》2009年第4期]，[http://blog.renren.com/share/229392500/7611246068]。

面揭示了王直等海盗史的真相，才将这段历史迷案澄清。

海禁与倭寇事件中，关键性人物要算“倭寇”领袖王直和抗倭名将胡宗宪。

王直，明嘉靖年徽州歙县人。他早年是徽商，按徽州习俗经商，南下广东，抵日本、暹罗、西洋等国，对外贸易使王直的财富迅速积累。王直承袭徽商传统风范，在日本发扬光大。日本史称王直为“大明国的儒生”。王直学习日本语言文字，研究日本的商品市场，以信义取利，被日本商界视为典范。在今天的日本，还以画册、书籍、卡通和游戏软件等多种形式叙述王直的故事。在平户，有王直的住宅旧址供人观瞻。

明朝嘉靖年“片板不准下海”的海禁政策，将民间海洋商贸逼上绝路，中国沿海各地爆发大规模的武装走私活动，王直在宁波双屿港为许栋集团掌管船队。浙江巡抚朱纨发兵攻剿，许栋兄弟逃亡，王直收其余众，发展成为江浙海商武装集团。公元1550年，王直以靖海、剿匪有功，叩关献捷，请求松动海禁，通番互市，反遭朝廷偷袭和围攻。王直突围后逃亡日本，积蓄力量，两年后重返浙洋，在沿海商民支持下，攻城略地，威震江浙。

嘉靖三十四年（1555年），明王朝在与王直武装集团的交战中屡遭失败，被迫改变策略，决定招抚王直。新任浙闽两江总督的胡宗宪受命谋划。胡宗宪释放在狱的王直的老母妻儿，给予丰厚的待遇，同时派使团前往日本宣谕并招抚王直。王直经过慎重考虑，决定归顺朝廷，但强烈要求明朝廷解除海禁，开市通商。经多轮谈判，王直遂于公元1557年9月下旬由日本回国，往钱塘总督府接受招抚。胡宗宪以礼留居王直，随后上疏对王直赦免。但此时朝中一些重臣已对胡宗宪进行激烈的弹劾，言其受王直贿赂而徇私。胡宗宪被迫交出王直。王直被捕入狱，1559年12月被斩于杭州官巷口。徐光启为王直鸣不平，说“招之使来，量与一职，使之尽除海寇以自效”。清人朱克敬在《边事汇钞》中评说“斩汪（王）直而海寇长，推诚与怀诈相去远矣”。王直临死时预言：“死吾一人，恐苦两浙百姓。”①

①葛其荣，《冲不破的海禁——中国历史上一段鲜为人知的对外开放悲剧》，[http://blog.sina.com.cn/s/blog_4ab31f71010007n0.html]

胡宗宪（1512－1565），明徽州绩溪人，嘉靖年官至兵部尚书、七省总督，主编集定了《筹海图编》，记述明代中日关系，分省御倭，用兵、城守、剿抚、互市和沿海布防形势等，并附详图。此书点燃了当时中国建立海上强国的希望。“胡宗宪认为朝廷利用王直，并让海外贸易合法化，既可使海盗不剿自平，还将开辟出海上丝绸之路。从今天的眼光看，此举乃依托明朝帝国强大的生产力，通过对外开放取得国力持续发展并继续称雄于世界的强国良策。但此远见卓识不被愚顽的明王朝所取。胡宗宪成功招抚了王直，并上疏请求赦免，却又在谗言诬陷中被迫交出王直受死，最终形成东南海疆祸患加剧的格局”。[①]

①葛其荣，《冲不破的海禁——中国历史上一段鲜为人知的对外开放悲剧》，[http://blog.sina.com.cn/s/blog_4ab31f71010007n0.html]

第三章

巧妙实用的技术和整体论的科学

本人长期从事自然科学史研究工作，因而探索海洋文化史的起点是海洋科技史（科学史）。先是撰写《中国古代海洋学史》一书，然后才开始海洋文化的研究，撰写《东方蓝色文化》一书。之后的研究就超出了单纯的海洋科技史，着眼于海洋文化整体性研究。

海洋文化史自然也包括海洋科技史，所以经过多年的海洋文化史研究现在回过头来撰写《以海为田》中的海洋科技史章，就不能再按《中国古代海洋学史》体系依样画葫芦，应有新的认识。经过再三推敲，体系有大的改变，包括《巧妙实用的技术》和《整体论的科学》两节。

一、巧妙实用的技术

科学是对自然界的规律性的认识，技术是人类应用科学认识对自然界进行不同程度的适应和利用。科学、技术二者是理论和实践的关系。但中国作为以农业文化为主流的古老国家，掌握科学文化的知识分子是很难有机会去进行十分危险的海洋实践的。他们的海洋实践知识可能只是在品味海洋水产美味、观赏惊心动魄的河口暴涨潮或欣赏梦幻般的海市蜃楼。所以他们很难获得第一手海洋知识和技术，也很难真正用科学理论去指导海洋实践。

海洋技术的发明创造者是广大的渔民、水手、养殖户等靠海生活的沿海和水上居民。他们虽科学文化知识不多，但有着卓越的海洋生存本领和丰富的海洋生产实践经验。他们并不一定按所谓“科学”条条办事，而是以生存和生产为第一法则。他们获得的海洋技术知识不仅具有实用性、有效性，而且是具原创性的。这些知识和技术是经过无数实践检验而保存下来的，尽管他们不一定能将其原理清楚表述出来，但这些传统成功技术，在今天可能仍有着巨大的科学价值。

（一）巧妙实用的技术

中国古代海洋技术异常丰富，分布在各种海洋产业和活动中，无法全面介绍，这里只挑选一些巧妙实用的进行介绍：

1. 捕捞法

海洋捕捞是最基本的海洋生产活动，历史悠久。捕鱼技术异常丰富，这里只介绍几种技术含量高的巧妙的捕捞方法。

光学诱捕法。主要是利用某些鱼类的趋光性。如《台湾使槎录》卷3："飞藉鱼……两翼尚存。渔人伺夜深时悬灯以待，乃结阵飞入舟中，甚至舟不胜，灭灯以避。"《七修类稿》卷40："每见渔人贮萤火于猪泡，缚其窍而置之网间，或以小灯笼置网上，夜以取鱼，必多得也。"

声音探鱼法。不少鱼类在行进中发出声音，古代渔民广泛使用声音探鱼法来指导下网。如黄花鱼（石首鱼）鱼汛集中，渔民捕捞中采用此法。《西湖游览志》卷24："石首鱼，每岁孟夏来自海洋，绵亘数里，其声如雷……渔人行以竹筒探水底，闻其声，乃下网截流取之。"

声响捕鱼法。利用某些鱼类害怕某些声响来驱赶鱼群，进行捕捞。《矩斋杂记·鸣榔》："盖船后横木之近舵者。渔人择水深鱼潜处，引舟环聚，各以二椎击榔，声如击鼓，节奏相应，鱼闻皆伏不动，以器取之，如俯而拾诸地。"此方法的原理如谚语所说："打水鱼头痛。"

捕鲸法。中国古代渔民捕鲸十分巧妙。如《萍州可谈》卷2："舟人捕鱼，用大钩如臂，缚一鸡鹜为饵，使大鱼吞之，随其行半日方困，稍近之，又半日方可取。"

2. 人工养珠

古人认为，月亮不仅吸引海水形成潮汐，而且也有利于海洋生物生长和发育，特别是生长于海底的蚌蛤之属。《广东新语》卷15："养珠者以大蚌浸水盆中，而以蚌质车作圆珠，俟大蚌口开而投之，频易清水，乘夜置月中，大蚌采玩月华，数月即成真珠，是为养珠。"

3. 蛎房固桥基

出海河口风浪巨大，桥基易被冲塌，宋代发明了用养牡蛎使牡蛎壳相互胶结形成坚固的蛎房来加固桥基。1053～1069年，位于福建洛阳江入海河口处修建洛阳桥。当地人民在桥基周围养殖了大量牡蛎，牡蛎在潮流中生长很快，层层生长胶结形成蛎房牢牢地把桥基石块黏结在一起，保护了桥基免受海浪的直接冲击。1138～1151年，福建晋江县和南安县之间修建的长5里的跨海安平桥，又称五里桥，建桥也采用了蛎房加固桥基的方法。

4. 海塘技术

我国古代海塘建设最早、最宏伟，技术也最高的要算涌潮世界闻名的钱塘江河口的江浙海塘。

江浙海塘始建于东汉。明代重视海塘建筑，300年间有13次大修工程，在工程上也有较大改进，先后采用石囤木柜法、坡陀法、垒砌法、纵横交错法。最后黄光升集筑塘法之大成，在海盐创筑五纵五横鱼鳞塘（见图3－1）。他又著《筑塘说》，详细地介绍了修筑大塘的纵横交错法。

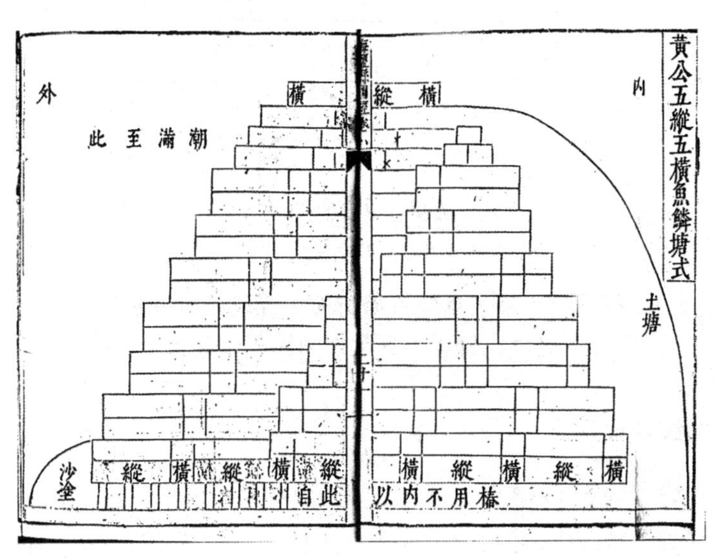

图3－1　黄光升五纵五横鱼鳞塘

［引自明天启《海盐县图经》卷8］

清代康熙、雍正、乾隆三朝，在历代建筑基础上，将江浙海塘大部改土塘为石塘，修筑了从金山卫到杭州221公里（从杭州狮子口到沪浙交界塘实长137公里；沪浙交界至南汇嘴塘长84公里）的石塘，大多是鱼鳞大石塘。鱼鳞石塘全部用整齐的长方形条石丁顺上迭，自下而上垒成。每块条石之间用糯米、蔦樟等浆砌石，外用桐油拌石灰杂苎麻丝钩抹，再用铁锔扣榫，层次如同鱼鳞。其背水面则以土壅固加厚。现存的海塘大多为清代重修的鱼鳞大石塘（见图3—2）。

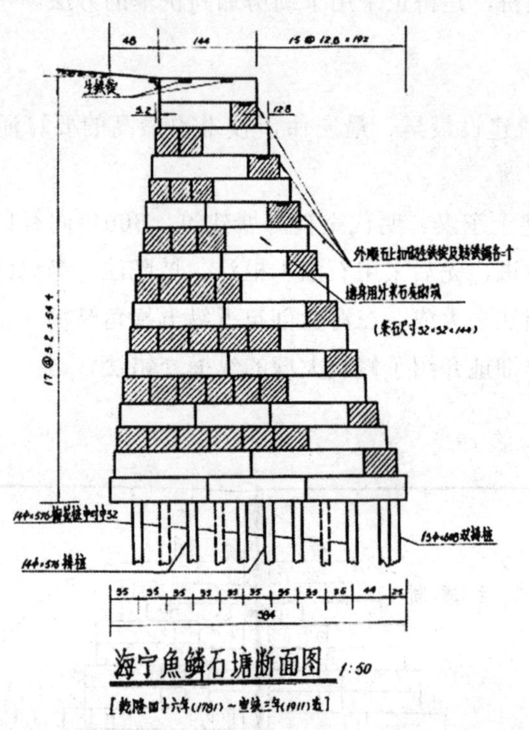

图3－2　海宁鱼鳞石塘断面图（乾隆－宣统）

[本图由钱塘江工程管理局陶存焕提供]

5.潮闸综合设计

古代不少入海河口建立了潮闸。潮闸的位置和建筑必须综合设计，才能发挥多种好处。光绪《常昭合志稿》卷9总结：“置闸而又近外，则有五利焉……潮上则闭，潮退即启，外水无自以入，里水日得以出，一利也……泥沙不淤闸内……二利也……水有泄而无入，闸内之地尽获稼穑之利，三利也；置闸必近外……闸外之浦澄沙淤积，岁事浚治，地里不远，易为工力，四利也；港浦既已深阔……则泛海浮江货船、木筏，或遇风作，得以入口住泊，或欲住卖得以归市出卸，官司可以闸为限，拘收税课，五利也。”

6. 潮灌

中国古代潮灌技术水平很高。明代崔嘉祥《崔鸣吾纪事》记载了当时耕种潮田的老人，对潮灌原理和技术精辟阐述：“咸水非能稔苗也，人稔之也……夫水之性，咸者每重浊而下沉，淡者每轻清而上浮。得雨则咸者凝而下，荡舟则咸者溷而上。吾每乘微雨之后辄车水以助天泽不足……水与雨相济而濡，故尝淡而不咸，而苗尝润而独稔。”

7. 海战与潮汐

古人水上用兵，利用潮汐而取得胜利的实例很多。《舟师绳墨》是清代训练水师的一本教科书，其中对潮汐规律的认识与利用，是一项重要内容。《舟师绳墨·舵工事宜》：“潮候随四时之节令，长退有一定之去来……各按时候，即如春天初一日，此处不浅可过。转至夏来初一日，此处却过不去，由此类推，行船无失。”

水军利用潮汛规律乘潮进攻，克敌制胜的战例不少。1661年郑成功战胜荷兰殖民者，收复台湾是个典型。4月28日郑成功舰队从澎湖开船，准备从鹿耳门进入台湾。鹿耳门航道很窄，仅里许。《台海使槎录·形势》：台湾“四围皆海，水底铁板沙线，横空布列，无异金汤。鹿耳门港路纡回，舟触沙线立碎”。荷兰殖民者又将损坏的甲板船沉塞在航道中，所以这里并没有设防。郑成功部下大多为沿海居民，对台海潮汛了如指掌。4月30日（四月初二）正值大潮，水涨数尺，全部大小船只均顺利地通过鹿耳门航道，收复了台湾。无独有偶，清政府后来统一台湾，也不止一次地利用涨潮攻入鹿耳门。《清朝文献通考》：康熙“二十二年六月帅征台湾……鹿耳门险隘难入，兵至潮涌，舟随潮进，遂平之。”

海防经常用木桩打入航道河底，起到阻拦敌船或损坏敌船的目的。《海潮辑说》卷下记载，五代后晋天福三年（938年）一次海战时，“海口多植大杙，冒之以铁，遣轻舟，乘潮挑战而伪循”，敌船追之。“须臾潮落，舰碍铁

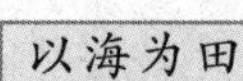

杙，不得退”。清代薛福成《浙东筹防录》卷1下也记载：“缘测量梅墟江中水势，潮涨时水深不过二丈以内。四丈长之桩，以二丈入土，二丈在水。潮退时水面可露数尺。潮涨时桩与水平，足拒敌舰矣。”

8.“潮汐起重机”

宋代建洛阳桥，桥墩建成后，把巨大石梁安放到桥墩上是十分困难的。后来他们用海潮当“起重机”，先把一二丈长的沉重大石梁架放在木排上。待涨潮时把木排划到桥墩间使石梁位于两桥墩的正上方。退潮时，石梁徐徐下降正确地安放在桥墩上。又如，蓬莱古水城水门外东边防浪堤，有效地阻挡了巨大潮波和风浪。防浪堤的石块大小不等。大的直径可达1.5米，重约2吨，估计当时还要更大些。这些石块运自西边丹崖山珠玑岩下。据传搬运这些石块也利用了潮汐。人们先将巨石用铁链固定在木排上。涨潮时木排浮起，然后将巨石运到施工地点，待潮退后解链，石块堆积，逐步形式防浪堤。

9.水密隔舱

就是用隔舱板把船舱分成互不相通的一个个舱区。这一船舶结构是中国古代造船技术的一大发明。优点是：一可提高船体抗沉性，保证航海安全。二是增强船体构造强度。水密隔舱结构是用水密隔板与船体板紧密连接，四周密封，这能起到加固船体作用，增强船体横向强度。这项技术发明于唐代。《西山杂志·王尧造舟》：“天宝中，王尧于勃泥运来木材为林銮造舟。舟之身长十八丈……银镶舱舷十五格，可贮货品三至四万担之多。”该史料记载了唐天宝年间泉州所造海船的情况。这是目前所见关于泉州海船中采用隔舱的最早记载。1960年江苏扬州出土的唐代木船即设置有水密隔舱，这是世界上目前所发现的最早的水密隔舱。宋代以后中国船舶已普遍设置了水密隔舱，大船内隔有数舱乃至数十舱。1974年，泉州湾后渚港出土了一艘宋代远洋货船残体，其舱位保存完好，已具有极为完善的水密隔舱结构。当时，中国船舶的水密隔舱蜚声中外，许多国家的人都提到中国船。西方船只，直至公元18世纪才有水密隔舱。郑和船队的所有海船均采用水密隔舱结构。

10.季风航海

季风是盛行风向随季节变化的风系。我国位于最大的亚欧大陆，又与最大的太平洋毗邻。由于海陆热力性质的巨大差异，季风十分发育。一般讲中国近海在冬季形成强大的偏北季风；在夏季形成偏南季风。强大的季风使中国古代充分发育了季风航海。

季风认识在中国很早。甲骨文中已有四方风的记载。《吕氏春秋·有始览》首先将季风命名为八方风。《史记·律书》则把八方风与月份对应起来，有了明确的季风概念。

传说夏禹时发明了帆。战国秦汉时已有大型航海活动，这必须依靠风作动力，其中主要应是季风航海。东汉《农家谚》中已出现“舶趠风”一词，意为吹送远洋海舶航行的风。长江流域6月10日～7月10日为梅雨期。舶趠风是梅雨之后的盛行风，即是使海外船舶顺风而来的东南季风。南北朝时，在中外航海中季风航海日益发展。《宋书·蛮夷传》记载，南朝宋时各国商船“泛海陵波，因风远至”。《梁书·王僧孺传》记载，梁时广州已是“海舶每岁数至，外国贾人以通贸易”。这“每岁数至”，显然是利用季风远航。

东汉之后较长时期，未见使用“舶趠风”一词，一般用“信风”一词，信即定时、规律意，信风即为季风。信风航海十分普遍，如东晋法显《佛国记》谈到利用冬初信风航海。《唐国史补》卷下谈到“江淮船溯流而上，待东北风，谓之信风”。

“舶趠风”一词到宋代又大量出现，可能与海洋贸易发展有关。苏东坡（1037－1101）专门写有《舶趠风》诗，诗曰：“三旬已过黄梅雨，万里初来舶趠风；几处萦回度山曲，一时清驶满江东。”此诗小引指出：“吴中梅雨既过，飒然清风弥旬，岁岁如此，湖人谓之舶趠风。是时，海舶初回，云此风自海上与舶俱至云尔。”宋代陈严肖《庚溪诗话》、南宋叶梦得（1077－1148）《避暑录话》均有类似记载。这些记载清楚说明，江浙一带把梅雨过后暑月的东南风称舶趠风，就是因为千里万里以外的远洋船舶，乘此风可迅速来到江浙沿海，并云集于此，进行一年一度的贸易。此风得名近似于国外的贸易风。国外把从副热带高压吹向赤道低压带的信风称“贸易风”，意思是此风沿着一条规律的路径吹，把贸易送出去。

季风航海在中外远洋航海中充分发展。南宋末至元时，泉州港跃居全国首位，是东方第一大港。当时来泉州港的外商不仅有东亚、东南亚、南亚、西亚，甚至有来自东非和北非一些国家。宋代泉州太守王十朋（1112－1171）

《提舶生日》诗："北风航海南风回，远扬来输商贾乐。"所言正是当时泉州港由于季风航海而中外港口贸易充分发展的情景。

由于季风航海，中国古代船舶向南海和西洋远洋航行，一到外面必须抓紧时间完成出使、贸易等活动，以便赶上南风期返航。如果赶不上，那船必须留在外国等待下一个南风期。这种情况称为"住蕃"，也称"压冬"。这一压就是一年，往返就近两年。中国和阿拉伯相距很远，往返必须两年。郑和下西洋是季风航海，差不多两年一次，也是这个原因，出使和回国时间有着明显的规律性。每次出使，不管奉命时间在什么季节，但出航时间均为冬半年，这样可以利用冬季偏北风，而回国均为夏半年，这样可以利用夏季偏南风。明代马欢《瀛涯胜览·纪行诗》描述郑和船队利用季风航海的情景：去的时候"鲸舟吼浪泛沧溟，远涉洪涛渺无极"；回的时候"时值南风指归路。舟行巨浪若游龙"。

元代海运以位于黄海的南北航线为主。《元海运志》谈到海运以风作动力，"舟行风信有时"，"四五月南风至起运，得便风十数日即抵直沽交卸"。实际上是每年四月十五日夏季西南风开始盛行，为漕运开始日期。

11. 黑潮航行

黑潮洋流起源于吕宋岛以东洋面。主干流沿台湾以东，经台湾和与那国岛之间的水道进入东海，顺东海大陆坡向东北流去。黄海暖流在东海东北部济州岛以南，沿西北方向进入南黄海流动。黄海暖流是沿太平洋西部第一岛链北上的黑潮的一个分支。元代漕运路线位于今黄海海区。后来获得较大成功就是黑潮航行。黄海海区一则由于有淮河输入泥沙，与长江入海泥沙北移；二则由于历史上黄河下游南北摆动，曾一度流入黄海，带来大量泥沙；三则由于长江口以北以上升海岸为主，所以这里海涂广阔，近海中泥沙含量很高，水不深，暗沙浅滩十分发育。黄海离岸越远则越深，泥沙含量小，水色由黄变青，由青变黑，分区是十分明显的。在中国古代随着海洋资源开发和航海的频繁，大的自然海区常被划分成更小一级的综合经济海区，这种小海区常被称为"洋"[①]。

①Guo Yongfang, The Character "Yang" of Cbinese Traditional Ideas—A Study of Nomenclature of Small Sea Areas, Deutscbe Hydrographiche Zeitschrift, Nr. 22，1990.

宋元以来，在黄海活动的渔民水手常把黄海划分为黄水洋、青水洋、黑水洋。大致在长江口以北近岸处一带，含沙量大，水呈黄色的小海区称为黄水洋。34° N、122° E附近一带海水略深，水呈绿色的小海区，称为青水洋。32－36° N、123° E以东一带海水较深，水呈蓝色的小海区称为黑水洋。元代漕运路线开始在黄水洋，这里水浅沙多，《三鱼堂日记》卷6："潮长则洋汤汤，茫无畔岸，潮落则沙壅土涨，深不容尺，其沙土坚硬，更甚铁石，渔船可载数千者，必远而避之。"在这里航海，不能用大船，只能用装800石左右的小船；也不能用底部如刃，可以破浪而行的大海船，必须用平底的沙船。这条航线并非顺水，而是逆水（黄海暖流）行舟。黄海洋流系统是由两支基本洋流组成的，一支是黄海暖流，它是黑潮在黄海分出的支流，由南向北流动于123° E以东海区，并流入渤海。另一支是黄海沿岸流，位于西部近岸海区。它起自渤海，沿着鲁北沿岸东流，经渤海海峡南部直达成山角，进入黄海。在苏北沿岸时，它得到加强，并继续南下直达长江以北约32－33° N附近。元代漕运的第一条航线虽然已利用偏南季风，但几乎全程在黄海沿岸流中逆水行舟，加以暗沙浅滩多，航行十分艰难。《海道经》详细地记载了这种情况：漕运"自刘家港开船，出扬子江，盘转黄连沙嘴，望西北沿沙行驶，潮长行船，潮落抛泊，约半月或一月余，始至淮口，经胶州、海门、浮山、牢山、福岛等处，沿山一路，东至延真岛，望北行驶，转过成山，望西行驶，到九皋岛、刘公岛、诸高山、刘家洼、登州沙门岛。开放莱州大洋，收进界河，两个月余，才抵直沽，委实水路难，深为繁重"。走这条航线，不仅慢，而且十分危险，沉舟损粮，时有发生。从至元二十至二十八年（1283～1291年）的9年中，年平均损耗率达8%。其中至元二十三年（1286年），起运量为578520石，损耗量144615石，损耗率达24.99%。这样惊人的损失与艰难的航行，使朝廷十分焦虑，改进航路已是迫在眉睫了。至元二十九年（1292年）开辟了第二条航路。这条航路出长江口后较早向东进入黑水洋。这样避开了黄水洋的暗沙浅滩，比原来安全得多，也部分避开了黄海沿岸流的逆水。航行中船只还部分利用了黑水洋中的黄海暖流，在夏季还利用了偏南季风，航行时间大为缩短，当年的损耗率便降至3.26%。为了寻找更经济更安全的航路，在总结第二条航路的基础上，在至元三十年（1293年），更大胆地闯入黑水洋，开辟了第三条航路。《元海运志》记载此航路："从刘家港入海，至崇明三沙放洋，向东行，入黑水洋，

取成山，转西，至刘公岛，又至登州沙门岛，于莱州大洋入界河。”这第三条航路更远离黄水洋[①]，进一步摆脱暗沙浅滩的困扰，更大程度地避开了黄海沿岸流，最充分地利用了黑潮支流的黄海暖流和夏季偏南风。当时漕运起程大部在四五月，顺风顺水，航速最高可达2节（1节=1海里／小时），《元史·食货志·海运》：从刘家港至直沽，“不过旬日而已”。走这条航路，漕运年损耗率大为下降，据至元三十至天历二年（1293～1329年）35年资料统计年平均损耗率已不到2%。

（二）自然比较计量法

中国传统的技术成果看起来较笼统似不精确，其实这是误解。所谓精确，整体论科学与还原论科学有着不同的观点和方法论。还原论方法过分追求单个要素的精确，但其实我们面对的自然界现象大多是复杂性体系。单个要素的精确并不能保证整体的成功。中国古人在面对复杂性体系时是强调体系平衡和微调的，尽量做到恰到好处，从而保证真实的成功。所以下面介绍的自然比较计量法其先进性应从整体论去理解。

1. 天文历算与唐宋潮汐表

唐大历中窦叔蒙著有《海涛志》。此文依据王充的潮月同步原理，在潮候计算和理论潮汐表制订中做出杰出贡献。他用天文历算法，计算了自唐宝应二年（763年）冬至，上推79379年的冬至之间的积日（日数）和积涛（潮汐次数），得到积日数28992664；积涛数56021944。两者相除，得到潮汐周期为12小时25分14.02秒。一天有日潮、夜潮，两次潮汐应为24小时50分28.04秒。这个数据为半日潮区的逐日推迟数，很精确，与现代一般使用的50分很接近。

为了便于推算的理论潮时成果的应用，窦叔蒙制作了一种可查阅一朔望月中各日各次潮汐时辰的涛时图。此图已佚，但《海涛志》中有具体的记载：“涛时之法，图而列之。上致月朔、朏、上弦、盈、望、下弦、魄、晦。以潮汐所生，斜而络之，以为定式，循环周始，乃见其统体焉，亦其纲领也。”根

①元代三条海运路线图，可参见章巽的《元“海运”航路考》，《地理学报》1957年第1期。

据这段记载，有学者已复原了《窦叔蒙涛时图》（见图3－3）。根据此图，人们可以方便地查出一朔望月中任何一天的两次高潮时辰；也可以看月相方便地知道当天高潮时辰。当然，此图也可用于反查。

宋代对潮时推算有较大贡献的是张君房和燕肃。张君房大中祥符年间（1008－1016）谪官知钱塘县（今杭州），著有《潮说》。他继承发展了《窦叔蒙涛时图》，绘制了新的潮候推算图《张君房潮时图》（见图3－4）。

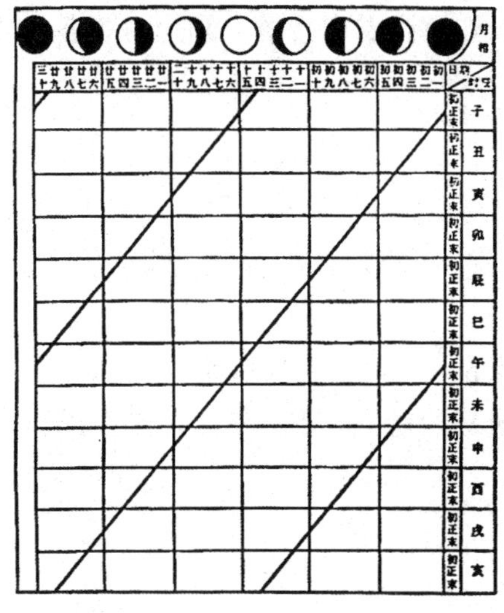

图3－3　窦叔蒙涛时图（复原图）
[引自徐瑜《唐代潮汐学家窦叔蒙及其<海涛志>》，《历史研究》1978年6期，这里有所改动。]

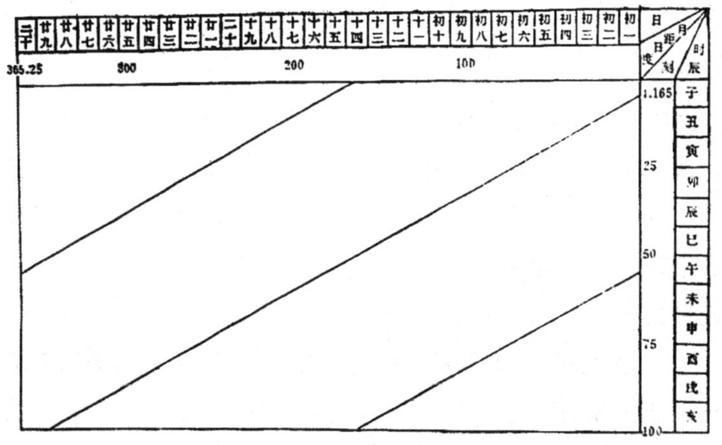

图3－4　《张君房潮时图》（复原图）

《张君房潮时图》比《窦叔蒙涛时图》进步：（1）横坐标由月相改为“分宫布度”。这里的度即月亮在黄道上的度数。古代将一周天分为365.25度。（2）纵坐标“著辰定刻”，即除继续用时辰表示，当时将一昼夜分为100刻。既然纵横两个坐标均有了较细的分划，所以张君房图自然精细得多。

《潮说》中篇：“凡潮一日行三刻三十六分三秒忽，差二日半行一时，一月一周辰位，与月之行度相准。”这里张君房已规定潮汐逐日推迟数约3.363刻。宋代百刻零点定于子时开始点，故初一日月合朔的子时中间点为4.165刻。有了这两个数据，我们就可以知道张君房推算一朔望月中各日各次高潮时刻方法，其公式如下：

初一　4.165刻

初二　4.165刻+3.363刻

初三　4.165刻+3.363刻×2 ＝ 4.165刻+3.363刻×（3-1）

…………

n　　4.165刻+3.363刻×（n-1）　　[n为日期]

下半个月时，n>15，此时潮汐重新开始轮回，故n应首先减去15再减去1，因此又有下列公式

n　　4.165刻+3.363刻×（n-15-1）

每天有两次潮汐，彼此相隔时间为50刻+3.363刻÷2。有了此数，就可以从一天中一次高潮时间，方便地算出另一次高潮时间。

如果我们用近代计时单位，那么3.363刻相当于48.39分，近似于0.8小时。《潮说》所说的“差二日半行一时”，则正好为50分，也近似于0.8小时。近代一天的时间起算不是子时开始点，而是子时中间点，这样计算潮时公式中也没有4.165刻这一起始项。因此可以把张君房潮时公式近似地改写如下形式：

上半月高潮时　（n-1）×0.8

下半月高潮时　（n-15-1）×0.8

这个公式与近代我国半日潮海区广泛使用的“八分算潮法”有着明显的关系。八分算潮法根据月亮每天平均推移50分（约0.8小时），再结合当地平均高潮间隙（某地从月亮抵达中天的时间，到发生第一次高潮的时间间隔）组成的，公式如下：

上半月高潮时　　(n-1)×0.8+平均高潮间隙

下半月高潮时　　(n-15-1)×0.8+平均高潮间隙

公式均有两部分组成。前面部分是基本的，为天文潮时部分，这正好是张君房用天文历算得到的公式的近似写法。至于后面部分只是一种地方性的潮时修正系数。由此可见尽管中国古代没有八分算潮法这个名称，但张君房的潮时之推算法实为八分算潮法之滥觞。

北宋燕肃（约961－1040）自1016年开始的近十年中，他足迹遍及南海、东海的沿海地区，经常用刻漏来观测潮汐时刻。燕肃精确地阐述了一朔望月中潮时的变化规律。《海潮论》：“今起月朔夜半子时，潮平于地之子位四刻一十六分半，月离于日，在地之辰，次日移三刻七十二分。对月到之位，以日临之次，潮必应之。过月望复东行，潮附日而西应之。至后朔子时四刻一十六分半，日、月潮水俱复会于子位。其小尽，则月离于日，在地之辰，次日移三刻七十三分半，对月到之位，以日临之次，潮必平矣。至后朔子时四刻一十六分半，日、月、潮水亦俱复会于子位。”这里燕肃首先指出初一，日、月合朔时刻是四刻一十六分半，这就明确指出当时百刻计时的零点不在日、月合朔的子时中间点，而在子时的开始点，而且具体给出了北宋潮时推算的起算值是4.165刻。

燕肃考虑到朔望月有大尽（大月30天）、小尽（小月29天）之分。如果均用同一潮汐逐日推迟数据（如张君房用的3.363刻），那么到月末几天潮时推算就很难准确，最后一天潮时也无法与下月初一时相衔接。为克服这个困难，燕肃的潮时推算采用两个潮汐逐日推迟数：大尽用3.72刻；小尽用3.735刻。燕肃的潮时推算公式与张君房公式在形式上差不多，并且也只是用于推算天文潮的理论潮汐表。理论潮时和实测潮时不免有出入，但总的来说，“终不失其期也”。为此，英国李约瑟在谈到燕肃的理论潮时推算时，对宋代有如此高精度的潮时测定感到惊讶，他说：“怎么会精密到如此，我们是不清楚的。”①

唐宋理论潮汐表所以达到如此精确水平，这是与我国当时天文历算成就分不开的。潮汐运动和月亮运动对应，潮汐周期为月亮由上中天到下中天或由

①[英]李约瑟，《中国科学技术史》第4卷，科学出版社，1975年，第780页。

下中天到上中天的时间。两个潮汐周期正好等于一个太阴日。

2. 高潮间隙与《浙江四时潮候图》

实测潮汐表的发展开始于宋代，这与“高潮间隙”现象的发现有关。王充在《论衡·书虚篇》提出潮、月同步的同时，紧接着指出，两者“大小、满损不齐同”，即潮月之间存在着间隙现象。这一发现与公元前一世纪罗马普利尼（Pliny the Elder，23－79）在《自然史》中提出的高潮间隙现象几乎同时。宋代余靖（1000－1064）在《海潮图序》中谈到东海海门潮候时说：“此皆临海之候也，远海之处，则各有远近之期。”[①] 明确提出高潮间隙与地理的关系。其后沈括（1031－1095）《梦溪笔谈·补笔谈·象数》进一步阐述这一关系，指出“予常考其行节，每至月正临子、午，则潮生，候之万万无差，此以海上候之，得潮生之时。去海远，即须据地理增添时刻”。沈括在这里给现在所说的“（港口平均）高潮间隙”下了确切的定义，并且强调了天文潮汐表在各港口使用时，必须进行地理修正。在西方提出港口平均高潮间隙（establishment of a port）是8世纪早期的英国比德（Bede of Jarrow，673-735）[②]。这与中国王充、余靖和沈括差不多是同时的。宋代对高潮间隙所下的定义，促使实测潮汐表的制订走上自觉的道路。

实测潮汐表的代表是东汉琼州海峡两岸的《马援潮信碑》和宋代吕昌明的《浙江四时潮候图》。李约瑟在谈到《浙江四时潮候图》时说：“大英博物馆所藏的手稿中，有载明‘伦敦桥涨潮’（flood at London bridge）时间的13世纪潮汐表可与此相比。在欧洲，这是最早的表。”[③] 此《伦敦桥涨潮表》是1250年编制的，故《浙江四时潮候图》要早近两个世纪。

《浙江四时潮候图》是关于钱塘江杭州段的潮汐表，而《伦敦桥涨潮表》是泰晤士河伦敦段的潮汐表。两者均是古代港口城市的潮汐表。

《浙江四时潮候图》是北宋至和三年（1056年）吕昌明编制的，收录于《临安志》。元末宣昭（宣伯聚）在杭州做官时，由于杭州是一郡首府所在，

---

①《海潮图序》，载《中国古代潮汐论著选译》，科学出版社，1980年。

②M. B. Deacon, Oceanography, Concepts and History, p.129.

③李约瑟，《中国科学技术史》第4卷，科学出版社，1975年，第781页。

又靠江临海，商人聚集、船舶集中。当时正值战争，军队和信使渡钱塘江十分频繁。各种船舶往来都需要了解潮时以避钱塘江怒潮。为此宣昭寻求正确的潮汐表。宣伯聚《浙江潮候图说》：“考之郡志，得四时潮候图，简明可信，故为之志而刻之于浙江亭之壁间，使凡行李之过是者，皆得而观之，以毋蹈夫触险躁进之害，亦庶乎思患而预防之意云。”[①]这里说的《郡志》是宋代《临安志》；《四时潮候图》即是《浙江四时潮候图》；浙江亭位于今杭州六和塔附近江边，今无存。

《浙江四时潮候图》所以被刻石立于浙江亭是因为所记潮信“简明可信”。所以可信水平高是建立在两个基础上的：高潮间隙现象发现的科学基础；宋代钱塘江杭州段潮汐口诀的发展的历史基础。

宋代实测潮汐表，特别是潮候口诀崛起是《浙江四时潮候图》的历史基础。宋代潮汐学家赞宁、燕肃、余靖、吕昌明等人，大都在现在的浙江、福建、广东等地验潮，对潮时、潮高进行实地的观察和研究，就是因为东南沿海是当时国内沿海航线和中外远洋交通最繁忙的地区，这迫切需要简明可信的潮汐表。宋代潮汐学研究与唐代或更早的不同，主要不是哲学家、思想家兼任的，而是关心地方经济的人兼任的，有的本身是地方行政官。他们不再满足于纯思辨性的潮汐成因理论探索，也不再满足于用天文历算方法计算、编制的理论潮汐表。他们注重验潮，从而制订了更实用的潮汐表，特别是潮候口诀。

宋代钱塘江杭州段潮汐口诀的发展较早有历史基础。周春《海潮说》下篇说“宋《咸淳临安志》有四时潮候图，盖即赞宁之法”，明确指出《浙江四时潮候图》是赞宁潮候口诀的直接发展。周春的判断是有道理的。赞宁为五代吴越国和宋初的名僧，出家杭州灵隐寺，对钱塘江怒潮十分熟悉并有长期的研究，因而编制了钱塘江潮候口诀。据元末明初陶宗仪在《南村辍耕录·浙江潮候》记载，赞宁编制了钱塘江杭州段潮候五言绝句式的潮候口诀：“午未未未申，申卯卯辰辰，巳巳巳午午，朔望一般轮。”这十五个时辰依次是一朔望月初一至十五每天的日潮高潮时辰，并通过“朔望一般轮”方法依次得到十六到三十每天日潮高潮时辰。陶宗仪在谈及此赞宁口诀时又指出：“夜候则六时对

①宣伯聚，《浙江潮候图说》，《海塘录》卷20。

表3－1 《浙江四时潮候图》（载《咸淳临安志》卷31）

春秋同					夏					冬				
初一	十六	午末	大	夜子正	初一	十六	午末	大	夜子正	初一	十六	午末	大	夜子初
初二	十七	未初	大	夜子末	初二	十七	未初	大	夜子末	初二	十七	未正	大	夜子末
初三	十八	未正	大	夜丑初	初三	十八	未正	大	夜丑初	初三	十八	未末	大	夜丑初
初四	十九	未末	大	夜丑末	初四	十九	未末	大	夜丑正	初四	十九	申初	大	夜丑末
初五	二十	申正	下岸	晚寅初	初五	二十	申初	下岸	夜丑末	初五	二十	申正	下岸	夜寅初
初六	廿一	寅末	渐小	晚申末	初六	廿一	寅初	小	晚申正	初六	廿一	寅末	渐小	晚申末
初七	廿二	卯初	渐小	晚酉初	初七	廿二	寅末	小	晚申末	初七	廿二	卯初	小	晚酉初
初八	廿三	卯末	渐小	晚酉正	初八	廿三	卯初	小	晚酉初	初八	廿三	卯末	小	晚酉正
初九	廿四	辰初	小	晚酉末	初九	廿四	卯末	小	晚酉正	初九	廿四	辰初	小	晚酉末
初十	廿五	辰末	交泽	晚戌正	初十	廿五	辰初	交泽	晚酉末	初十	廿五	辰末	交泽	夜戌初
十一	廿六	巳初	起水	晚戌末	十一	廿六	辰末	起水	夜戌初	十一	廿六	巳初	起水	夜戌正
十二	廿七	巳正	渐大	夜亥初	十二	廿七	巳初	渐大	夜戌末	十二	廿七	巳正	渐大	夜戌末
十三	廿八	巳末	渐大	夜亥正	十三	廿八	巳末	渐大	夜亥初	十三	廿八	巳末	渐大	夜亥初
十四	廿九	午初	渐大	夜亥末	十四	廿九	午初	渐大	夜亥末	十四	廿九	午初	渐大	夜亥正
十五	三十	午正	极大	夜子初	十五	三十	午末	大	夜子初	十五	三十	午正	渐大	夜亥末

冲，子午、丑未之类。”根据这一“对冲”原理，就可知赞宁口诀可包括这样一个夜潮口诀：“子丑丑丑寅，寅酉酉戊戌，亥亥亥子子，朔望一般轮。”

吕昌明《浙江四时潮候图》是建立在赞宁、燕肃、余靖等潮汐学家对潮汐迟到现象的深刻认识和对钱塘江杭州段长期验潮基础上，所以是较精细的。但明显是沿着赞宁钱塘江潮候口诀发展的。赞宁口诀已提出两个基本内容：（1）一朔望月各天的日潮时辰；（2）一朔望月各天的夜潮时辰。这是潮汐表的基本项。而吕昌明《浙江四时潮候图》只是在时间和空间上更精确细化。时间上有多处细化。一年中按春、夏、秋、冬四季编制成3个表。一天中首先区分日（白天）、晚、夜三段；然后时辰细分为初、正、末三小段，如（日）巳时划分为巳初、巳正、巳末；晚酉时划分为晚酉初、晚酉正、晚酉末；夜丑时划分为夜丑初、夜丑正、夜丑末。潮汐高潮大小变化描述上细分为八类，依次为：起水、渐大、极大、大、下岸、渐小、小、交泽……

表3－2

《浙江四时潮候图》(钱塘江杭州段)	一朔望月各天的日潮时辰	一朔望月各天的夜潮时辰	春夏秋冬四季	时辰划分3段	潮高大小划分8类
赞宁	一朔望月各天的日潮时辰【朔望一般轮】	一朔望月各天的夜潮时辰【时辰对冲】			
吕昌明			春夏秋冬四季	时辰划分3段	潮高大小划分8类

由表3－2可知，吕昌明表与赞宁表继承脉络明确。由此可见，《浙江四时潮候图》也可以称为赞宁－吕昌明《浙江四时潮候图》。

3. 生物潮钟

古代有机论自然观和月亮文化观发达，不仅发现了潮月同步原理，创立了精确的理论潮汐表，发现了“高潮间隙”，而且也发现了生物潮钟。在中国古代浩如烟海的文献中有着大量海洋自然异常现象的记录，其中不乏生物潮钟现象，为此我们专门整理汇编了《动物应潮》年表[①]，反映出中国古代经验潮候的认识水平。根据已有记载，生物潮钟知识可分三类：

①宋正海、高建国、孙关龙、张秉伦，《中国古代自然灾异相关性年表总汇》，安徽教育出版社，2002年。

贝类、蟹类。海滩生态环境很特殊，潮未来时，暴露在空气中，潮来后，全在水下。生活在这里的贝类、蟹类等海滩动物有着明显的应潮现象。较多记载的是一种招潮的小蟹，如《临海异物志》："招潮小如彭蜎，壳白。依潮长背坎外向举螯不失常期，俗言招潮水。"又有一种小蟹叫"数丸"，《酉阳杂俎》卷17："数丸，形如蟛蜞，竞取土各作丸。丸满三百而潮至。"

潮鸡。海滩生物钟现象一般不认为是异常现象，但潮鸡的应潮现象应是异常现象。潮鸡现在几乎极少提到，但古代记载不算少。如《临海异物志》："石鸡清响以应潮。"①

海牛皮应潮。活的海洋生物的应潮现象也可理解，但没有生命力的被剥离的干海牛皮有应潮现象确很难使人相信，但这在古籍中也确有多处记载。三国吴国陆机（261－303）的《毛诗草木鸟兽虫鱼疏·象弭鱼服》提到一种鱼兽（海兽）之皮，干之经年，每当天阴及潮来，则毛皆起。若天晴及潮还，则毛伏如故。晋代张华（232－300）《博物志》："东海中有牛鱼，其鱼形如牛，剥其皮悬之，潮水至则毛起，潮去则复也。"对此现象，五代时潮汐学家邱光庭解释："鱼兽之毛起伏者，非识天之阴晴及潮之来去，盖自应气之出入耳。毛起者气出也，气出则地下而潮来。毛伏者气入也，气入则地上而潮落。鱼兽之毛，一昼一夜，两起两伏，足以验真气之两辟两翕矣。"他还用此作为自己潮论的一个佐证。

既然海牛皮的半太阴日周期的应潮现象古代有多处记载，还有解释，因而我们也不能轻易否定其存在性，乃至肯定是古人编造的。对于这类未知现象，现代的科学工作者似应重视。如果经严格检验证明此现象存在，那么这对现代科学提出了如下问题：死去的生物体似乎不应有生物钟现象，那么干的海牛皮的应潮现象，能否还称"生物钟"或"生物节律"？干海牛皮如何会有这种现象？

4. 航海罗盘

我国古代地文导航技术发达，所以在我国发明指南针后，很快就使用到航海上，航海罗盘是我国发明的。北宋时已有指南浮针，也就是后来的水罗

① 《临海异物志》，引自《太平御览》卷68。

盘。宋代朱彧《萍州可谈》叙述宋哲宗元符二年到徽宗崇宁元年间（1099－1102年）的海船上已经使用指南针。宣和五年（1123年）徐兢出使朝鲜，回国后所著《宣和奉使高丽图经》中描写这次航海过程说：晚上在海洋中不可停留，注意看星斗而前进，如果天黑可用指南浮针来决定南北方向。这是目前世界上用指南针航海的两条最早记录，比公元1180年英国的奈开姆记载要早七八十年。

航海罗盘上定二十四向（方位），关于二十四向我国汉代早有记载。北宋沈括的地理图上也用到这二十四向。把罗盘三百六十度分做二十四等分，相隔十五度为一向，也叫正针。但在使用时还有缝针，缝针是两正针夹缝间的一向，因此航海罗盘就有四十八向。大约南宋时已有这四十八向的发明了。四十八向每向间隔是七度三十分，这要比西方的三十二向罗盘在定向时精确得多。所以三十二向的罗盘知识在明末虽从西方传进来，但是我国航海家一直用我国固有的航海罗盘。

古时船上放罗盘的场所叫针房，针房一般人员不能随便进去。掌管罗盘的人叫火长。明代《西洋番国志》中说：要选取驾驶人员中有下海经验的人做火长，用作船师，方可把针经图式叫他掌握管理。可见航海罗盘是海船上的一个重要设备。

宋代已经有针路的设计。航海中主要是用指南针引路，所以叫做“针路”。记载针路有专书，这是航海中日积月累而成。这些专书后来有叫“针经”，也有叫“针谱”“针策”的。凡是针路一般都必写明：某地开船，航向，航程，船到某地。

5. 莲子比重计

煮卤成盐需先测定卤水的盐度。卤水盐度测定法的最早记载是唐代，这正与制盐技术由直接煎煮海水发展到煎煮卤水的最早出现时间一致的。用作盐度测定的比重计的材料古代较多，如莲子、饭粒、鸡蛋、桃仁、小鱼段等，但以莲子最广最多。

五代末北宋初的杭州灵隐寺名僧赞宁的《物类相感志》记载：“盐卤好者，以石莲投之则浮。”稍晚记载的是北宋《太平寰宇记》卷130：“取石莲十枚，尝其厚薄，全浮者全收盐，半浮者半收盐，三莲以下者，则卤未堪。”

宋江邻几《嘉祐杂志》："吴春卿任临安，召铺户，诘验盐法。云：'煮盐用莲子为候，十莲者，官盐也；五莲以下，卤水漓，私盐也。私盐色自红，烧稻灰染其色，以仿官盐，于是嗅以辨之'。自是不用铺户，能辨晓。""考此，则仁宗时以五莲为漓，十莲为重"①。由此可见，吴春卿用的以及《太平寰宇记》记载的莲子比重计，比赞宁所记的有了改进。已考虑莲子本身比重有差别，即使相同卤水，莲子也有浮有沉。所以测定卤水盐度必须增加莲子数目（规定为10个），测定才较准确。综上所述可以说明，有关盐度比重测定法，唐代用饭粒测定，不如五代末北宋初杭州盐场用莲子测定准确。此法开始在盐民中流传，从宋仁宗时吴春卿开始，官方才第一次了解并接受用莲子比重计作为卤水质量管理的基本方法。

南宋时姚宽（?－1161）曾监浙江台州杜渎盐场。他正式采用莲子比重计作为卤水质量管理的工具。他在《西溪丛语》卷上记载："以莲试卤，择莲子重者用之。卤浮三莲四莲味重，五莲尤重。莲子取其浮而直，若二莲直，或一直一横，即味差薄。若卤更薄，即莲沉于底，而煎盐不成。"姚宽记载的莲子比重计法，比吴春卿所记的有较大改进：（1）所用莲子要选择重的，这样莲子本身的比重就易统一，也就是说比重计本身开始标准化；（2）除了用莲子沉浮这个标准外，又加上浮出的莲子是横还是直这个辅助标准。横比直更反映卤水盐度高、浮力大。这样在盐度较高的卤水中又进一步划分了等级，这对盐业生产是至关重要的。吴春卿时所用的莲子测盐度法只能划分两个等级：不漓和漓；而姚宽时已能划分四个等级：味尤重、味重、味差薄、更薄。

元元统时（1333－1335年）陈椿任下砂盐场盐司，也用莲子测盐度法进行卤水质量管理。他在《熬波图咏》中记载："莲管之法：采石莲先于淤泥内浸过，用四等卤分浸四处。最咸卤浸一处（原注：第一等）；三分卤浸一分水浸一处（第二等）；一半水一半卤浸一处（第三等）；一分卤浸二分水浸一处（第四等）。后用一竹管盛此，四等所浸莲子四放于竹管内，上用竹丝隔定竹管口，不令莲子漾出，以莲管汲卤试之，视四莲管莲子之浮沉，以别卤咸淡之等。"由此可见，陈椿对莲子比重计又有重要改进：（1）采用莲子中的专门一种，使比重稳定。对石莲又用湿泥事先处理过，这样在使用中，莲子比重计

① 《嘉祐杂志》，《能改斋漫录》卷15引。

本身比重不易有大的变化，这就促进了比重计本身的标准化。（2）利用已知比重液（已知不同盐度的卤水），先对莲子本身比重进行测试和分级，这样就有四个已知等级的莲子比重计。用此系列化的比重计进行质量管理，可以达到更精确化。

明代对莲子盐度测定法又有改进。明陆容《菽园杂记》卷12：“以海水倾渍池中、咸泥。使卤水流入井口，然后以重三分莲子试之。先将小竹筒装卤入莲子于中，若浮而横倒者，则卤极咸，乃可煎烧；若立浮于面者，稍淡；若沉而不起者，全淡，俱弃不用。此盖海新泥及遇雨水之故也。”由此可见明代又有如下改进：（1）规定所用莲子重量统一，为三分，使之更标准化。（2）进一步考虑到卤水盐度本身的变化情况。海水引入盐池后，其中盐分要被池中无盐的新泥吸收些，使盐度因而减少。同时，卤水遇雨水后，盐度也会冲淡。这种结合卤水盐度动态变化的质量管理，不仅可确定此池卤水是否可用于煮盐，并且可进一步指导此池以后的卤水生产。

6. 海拔、水城高程

“海拔”也称绝对高程。在大范围工程特别在跨流域水利工程中，海拔是进行高程测量的统一标准。海拔是由“平均海水面起算的地面某高度”。由于潮起潮落，海面高程不断变化，所以采用平均海水面作为大地绝对高程测量的零点。海拔概念的提出和高程确定是潮汐学的一项重要成果。元代郭守敬（1231－1316）最早提出“海拔”概念。元代齐履谦在郭守敬的传记中写道：郭守敬“又尝以海面较京师至汴梁地形高下之差”①。这里清晰地记载了郭守敬以海平面来作为比较地形高低（海拔）的标准，这在我国测量史、地学史和海洋学史上的进步意义是十分重大的。

关于用平均潮高确定海平面高程在古代水城（军港）码头高程确定中有应用。蓬莱古水城是宋元明清海防要地，为我国沿海仅存的古军港。港口码头高程必须根据多年的潮高观测数据来确定，以保证最低潮时有一定水深，最高潮时码头又不被淹没。水城内码头高程为3.2米。这是符合当地潮汐涨落情况的。1949年后，水城西不远处建的新码头高程为3.2米～3.4米，这也进一步

①齐履谦，《知太史院事郭公行状》，《国朝（元）文集·行状》。

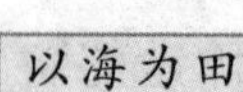

证实古码头高程的确定是有多年潮高观测数据作根据的。

（三）海洋技术谚语

1. 潮谚

潮候谚语是广大水手、渔民在世代海洋实践活动中得到的认识，产生很早。由于顺口、易记，使用方便，所以长期流传，但也只是在民间流传，很少被记载下来。目前流传的谚语，有的可能源远流长，可惜已无法考证。不管怎样，潮谚是实测潮汐表的一种原始形式。

潮谚在中国古代不同海区均有，1978年中国古潮汐史料整理研究小组进行收集整理，其中半日潮潮谚占主要比例。潮谚有繁有简，一般比较简单。例如：

浙江省宁波一带有“月上山，潮涨滩”谚语。指月亮出来以后，潮水才开始上涨，逐渐把海滩淹没。

上海一带有“初一、月半午时潮”。

明代台湾海峡的福建漳州一带有“初一、十五，潮满正午。初八、二十三，满在早晚。初十、二十五，暮则潮平”。今日在台湾西部沿海仍有相似潮谚：“初一、十五，潮至日中满。初八、二十三，满平在早暮。初十、二十五，暮则潮平。”

潮谚中较复杂的为潮候歌。例如：

浙江一带有《潮涨歌》：“寅寅卯卯辰，初一轮初五；辰辰巳巳子，初六初十数；子子丑丑寅，十一挨十五。”此歌形式类似赞宁的潮候口诀。

上海一带有《潮候歌》：“十三并二十七，潮长日光出。二十九、三十日，潮来吃昼食。十一、十二，吃饭不及。二十五、二十六，潮来晚粥……”这首歌把一月中一些不易记忆的潮候和最平常的吃饭时间配合起来，便于记忆。

2.“天神未动，海神先动”

对海洋风暴预报必须争取最大可靠性，以确保生命安全。预报关键是可靠，有关方法很多，不拘一格。古代是广泛观测宏观自然变动，进行分析研究，以达到较准确的预报。其中最为渔民、水手熟悉的是所谓“天神未动，海神先动”，也就是说，在海洋风暴来临之前，海中已有异常。这些异常已被广泛用于预报。这方面记载较多，如《梦粱录》卷12：“见巨涛拍岸，则知此日当起南风。”《田家五行·论风》：“夏秋之交，大风先，有海沙云起，俗呼谓之风潮。”《天文占验·占海》：“满海荒浪，雨骤风狂。”“海泛沙尘，大飓难禁。”《东西洋考》《海道经》中均有“海泛沙尘，大飓难禁”的记载。《舟师绳墨·舵工事宜》：“天神未动，海神先动。或水有臭味，或水起黑沫，或无风偶发移浪，礁头作响，皆是做风的预兆。”《台海纪略·天时》：“凡遇风雨将作，海必先吼如雷，昼夜不息，旬日乃平。”“海神先动”还包括海洋生物异常。《本草纲目》卷44：“文鳐鱼……有翅与尾齐，群飞海上，海人候之，当有大风。”戚继光《风涛歌》：“海猪乱起，风不可也”；“虾笼得鲇，必主风水”[①]。《东西洋考》《海道经》均有“蝼蛄放洋，大飓难当”；“乌鲟弄波，大飓难当”；“白虾弄波，风起便知”等记载。《测海录》称：“飓风将起，海水忽变为腥秽气，或浮泡沫，或水戏于波面，是为海沸，行舟宜慎，泊舟尤宜防。”《采硫日记》卷上：“海中鳞介诸物，游翔水面，亦风兆也。”

古代还认为海鸟乱飞也是台风征兆，可用于预报。《风涛歌》：“海燕成群，风雨即至。”《顺风相送·逐月恶风条》也称：“禽鸟翻飞，鸢飞冲天，具主大风。”《墨余录·海鸟占风》则详细记载了风暴前兆情况：“岁辛酉八月十九日夜间，满城闻啼鸟声，其音甚细，似近向远，闻者毛发皆竖，在乡间亦然……余以频海之鸟，恒宿沙际，值海风骤起，水涨拍岸，鸟翔空无所栖止。故哀鸣如是。此疾风暴之征也。当于日内见之。翌日，频海果大风雨，二日始止。”《东西洋考》《海道经》的“占海篇”均介绍海洋生物的台风前兆现象。使人更感兴趣的是，古人认为，不仅海洋生物，而且船中的其他生物也有台风前兆现象，如《唐国史补》卷下：“舟人言鼠亦有灵，舟中群鼠散走，旬日必有覆溺之患。”

3.“正乌二鲈”

鲻鱼养殖明代已有记载。黄省曾所著《养鱼经·一之种》：“鲻鱼，松之

① 《风涛歌》，同治《福建通志》卷87“风信潮汐”引。

人于潮泥地凿池，仲春潮水中捕盈寸之者养之，秋而盈尺，腹背皆腴，为池鱼之最，是食泥，与百药无忌。”明代胡世安又较详细地记载了鱼苗的选择问题，他在《异鱼赞闰集》中说：“流鱼如水中花，喘喘而至，视之几不辨，乃鱼苗也。谚云：‘正乌二鲈’，正月收而放之池，皆为鲻鱼，过二月则鲈半之。鲈食鱼，畜鱼者呼为鱼虎，故多于正月收种。其细似海虾，如谷苗，植之而大。流鱼正苗时也。”胡世安所记的采鱼苗经验，是有科学道理的。时至今日，福建渔民仍然有“正月出乌，二月出鲈”的说法，即正月采鲻鱼苗，二月采鲈鱼苗。

二、整体论的科学

中国学术界长期受还原论科学影响，一家独大，科技史研究亦无例外。因此，尽管中国传统科学体系是整体的，但当代的传统科学史研究模式却是分门别类的还原论模式。本人的《中国古代海洋学史》就是还原论科学史研究的一个典型，书内分编（章）是严格按自然要素划分的：《海洋地貌》《海洋气象》《海洋水文》《海洋生物》。

本书力图纠正以还原论思维和方法去研究、编写整体性的科学发展历史的不协调现象，从体系上反映中国海洋科学史的整体论传统。所以节名就定为《整体论的（海洋）科学》。其下分节也仍是强调整体论的，如《动态平衡》《天海生相关》《区域海洋学》。这种科学史书模式是与传统科学史书模式大相径庭的，希望得到批评和指教。

（一）动态平衡

1. 水分海陆大循环

早在先秦就提出了水分海陆循环的理论。《管子·庶地篇》：“天气下，地气上，万物交通。”《吕氏春秋·圜道》进而明确提出了水分海陆循环的机制：“水泉东流，日夜不休。上不竭，下不满，小为大，重为轻，圜道也。”到了宋代王逵《蠡海集·地理类》对水分海陆循环机制作了较详细的阐述：

“气因卑而就高，水从高而趋下。水出于高原，气之化也。水归于川泽，气之钟也。以是可见夫阴阳原始反终之，义焉。盖气之始，自极卑劣而至于极高，充塞乎六虚，莫不因卑而就高也。水之始，自极高至于极卑，泛滥乎四海，莫不从高而趋下也。”明代郎瑛《七修类稿》卷1：“气自卑而升上。水出于山，气之化也。水自高而趋下，入于大海，水归本也，盖水、气一也。气为水之本，水为气之化，气钟而水息矣，水流而气消矣。盈天地间万物，由气以形成，由水以需养。一化一归，一息一消，天地之道耳。”明末清初游艺《天经或问·地》进一步用类似热力学原理来阐述海陆循环：“日为火主，照及下土，以吸动地上之热气。热气炎上，而水土之气随之，是水受阳嘘，渐近冷际，则飘扬飞腾，结而成云……冷湿之气，在云中旋转，相荡相薄，则旋为浅白螺髻，势将变化而万雨生焉。雨既成质，必复于地，譬如蒸水，因热上升，腾腾作气云之象也。上及于盖，盖是冷际，就化为水，便复下坠，云之行雨，即此类也。”

2. 生态平衡理论

早在原始时代，人们在长期生产实践中已积累一些动植物繁殖生长的知识，并且也逐渐了解到要持续获得生物资源较大的收获量，必须保护幼小的草木或鸟兽虫鱼。传说夏禹治国，有“四时之禁”，《逸周书·大聚鲜》：“禹之禁，春三月，山林不登斧，以成草木之长；夏三月，川泽不入网罟，以成鱼鳖之长……”夏三月相当于阳历四五月，古人认为这是鱼鳖繁殖生长的季节，要实行渔禁。四时之禁被历世尊为“古训”而遵循。许多先秦古籍，如《左传》《管子》《国语》《礼记》《孟子》《荀子》《吕氏春秋》都有保护山林川泽，以时禁发的思想和政策。其中也含有保护海洋生物资源的。《吕氏春秋·上农》：“制四时之禁。山不敢伐材下木,泽人不敢灰僇,缳网置罦不敢出于门,罟不敢入于渊,泽非舟虞不敢缘名,为害其时也。”就是说一定要参行春夏秋冬四时的禁令，不准砍伐山中树木，不准在泽中割草、烧草、烧灰，不准用网具捕捉鸟兽，不准用网下河捕鱼；除了舟虞，任何人不得在泽中捕鱼，不然就有害于生物的繁育。《国语·鲁语》记载了一个很有意义的故事：一次鲁宣公在水边捕鱼，里革见到后，认为大王自己违背了保护生物、以时禁发的“古之训也”，便把大王的渔网撕破，并且对宣公讲了一番保护生物资源的知识。鲁宣公终于承认了自己违禁捕鱼的错误。春秋战国时，齐国成为“海王之国”而大力开发鱼盐之利，所以特别强调海洋生物资源的保护。《管子·八观篇》：“江海虽广，池泽虽博，鱼鳖虽多，网罟必有正，船网不可一财而成也。非私草木爱鱼鳖也，恶废民于生谷也。”这里强调，江海虽广，但生物资源毕竟有限，所以必须进行保护，渔网网眼大小应有限制，这样做目的是为了合理地开发海洋生物资源，达到持续高产的目的。先秦关于要限制渔网网眼大小的问题，不仅《管子》提出，在《国语》《孟子》中均提出过，可见这是当时不少政治家强调保护水产资源的基本思想和政策。

自秦汉开始，生态资源保护的发展却曲折而缓慢。但后代也时有人呼吁，如明代宋应星（1587－约1666）就呼吁采珠不能过度，应保护珠源。他在《天工开物·珍宝》指出：“凡珠生止有此数，采取太频，则其生不继。经数十年不采，则蚌乃安其身，繁其子孙而广孕宝质。”当时甚至还有人专门上书，劝明廷节制采珠，但根本不起作用。

3. 沧海桑田

海陆可变迁、高下可易位的地表形态可变思想在中国源远流长。后续第六章“四、沧海桑田”有专门论述，此处从略。唐代书法家颜真卿任抚州刺史时特地撰写了《抚州南城县麻姑山仙坛记》一文[①]，用沧海桑田解释山上岩层中为什么有水生的螺蚌壳，又以螺蚌壳出现在高山上反证海陆可以变迁的思想。宋代沈括《梦溪笔谈》卷24，首先根据高山石壁中存在螺蚌壳以及海滨常见的磨圆光滑的卵石，来论证高山实为古代的滨海，并提出华北平原皆为泥沙沉积而成。他又利用黄河及华北平原的几条大河泥沙量极高，黄土高原水土流失特别严重等事实，进一步推论华北平原是沉积平原。英国李约瑟对此有高度评价：“沈括早在11世纪就已经充分认识到詹姆斯·郝屯在1802年所叙述并成为现代地质学基础的一些概念了。”[②]郝屯（J.Hutton，1726－1797）是近代英国地质学家，他最早提出地质均变论和将今论古方法。南宋朱熹（1130－1200）《朱子全书》卷49：“尝见高山有螺蚌壳，或生石中。此石即旧日之

①《抚州南城县麻姑山仙坛记》，《颜鲁公文集》卷13。
②（英）李约瑟，《中国科学技术史》，科学出版社，1975年，第5卷，第283页。

土，螺蚌即水中之物。下者却变而为高，柔者却变而为刚。”由此可见朱熹在化石成因和岩层固结上的论述显然比沈括明确，从而更好地阐述沧海桑田成因的机制。为此李约瑟评述：“正如葛利普（A.W. Grabau，1970—1946）所指出，这段话在地质学上的主要意义在于朱熹当时就已经认识到，自从生物的甲壳被埋入海底软泥当中的那一天以来，海底已经逐渐升起而变为高山了。但是直到三个世纪以后，亦即一直到达·芬奇（1452—1519）的时代，欧洲人还仍然认为，在亚平宁山脉发现甲壳的事实是说明海洋曾一度达到这个水平线。”①

4. 台风为四方风

晋代沈怀远《南越志》：“熙安间多飓风。飓者，其四方之风也，一曰惧风，言怖惧也，常以六七月兴。未至时，三日鸡犬为之不鸣，大者或至七日，小者一二日，外国以为黑风。”②这一记载，说明在晋时已知台风行进中风向不断改变，为旋转风。

5. 感潮河段水文特征

中国古代对海水咸重、沉悍有深刻的感受，因而张衡创立的浑天论把大地也浮在大瀛海之上。唐代卢肇《海潮赋》又提出：“载物者以积卤负其大……华夷虽广，卤承之而不知其然也”的理论，并发展了天地结构论潮论。明代郭璿《宁邑海潮论》的“江涛淡轻而剽疾，海潮咸重而沉悍”，进一步指出海水、河水不仅化学性不同而且物理性也不同。

古人很清楚，由于“海水咸重而沉悍”“江涛淡轻而剽疾”，那么在感潮河段，海水和河水相交之处，自然不会轻易融合。海水咸重，上潮时进入江河的海水必然在河床下层沿河底推进，形成一个由下游向上游水量逐渐减少的咸水楔形层。这样上层仍主要为“淡轻剽疾”的河水，可资灌溉。

清康熙《松江府志》卷3：“凡内水出海，其水力所及或至千里，或至几百里，犹淡水也。”这又指出在河流入海后形成远距离的淡水舌。由此可见，

---

①（英）李约瑟，《中国科学技术史》，科学出版社，1975年，第5卷266～268页。

②《南越志》，《太平御览》卷9引。

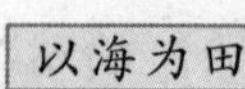

感潮河段下层的海水楔形层形成原理（见图3－5左），与河流出海后海水上层的淡水舌形层形成原理（见图3－5右）是统一的，现象是连续的。

（二）天海生相关

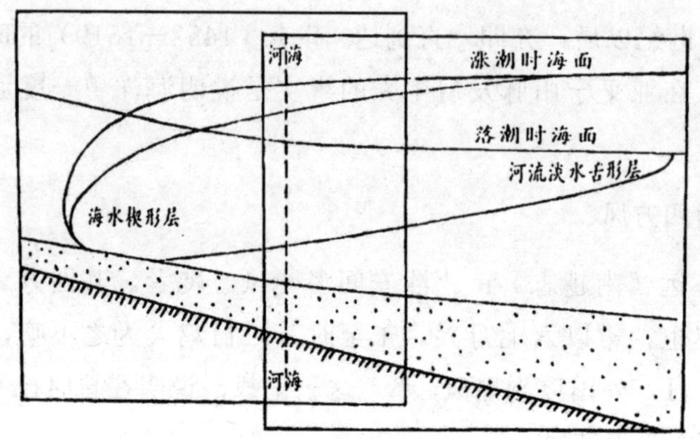

图3－5 （左）感潮河段下层的海水楔形层形成原理示意图
（右）海洋上层的河流淡水舌形层形成原理示意图

1. 潮汐的月亮成因理论

古代认为，月亮是阴精，水为阴气，根据同气相求，中国的潮汐成因中十分重视月亮的作用。这与近代潮汐理论中有关潮汐成因中月亮对海水的万有引力作用的原理是相似的，但中国的潮汐的月亮成因理论远比西方早得多。

2. 海洋活动的周期性

中国古代圜道观发达，着重从功能动态上来观察世界，从而对自然界许多周期的变化作出了细致的观察和记录。中国传统海洋学广泛表现在对多种海洋自然现象周期性的观察、记载和论述。

半太阴日周期。半太阴日周期是月亮在观察所在地的上或下中天作圆周运动的周期。我国极大部分海区是半（太阴）日潮区，所以沿海地区人们对此周期有深刻的认识。东汉王充明确提出了“涛之起也，随月盛衰”的潮—月同步原理。这导致唐代窦叔蒙及其后多位唐宋潮汐学家得以用先进的天文历算方法，通过计算月球在上、下中天间的运动周期精确计算了潮汐周期，并制订了天文潮汐表。可见，中国古代精确地掌握了潮汐的半太阴日周期。沿海人们在丰富的海洋实践中对潮间带环境及其生物生态的半太阴日的周期变化是十分熟悉的。

太阳日周期。地球自转引起的太阳东升西落，形成太阳日周期。日出而作，日落而息，这是人们的基本生活周期，也是人们从事海洋活动的基本周期。

太阴日周期。北部湾的全日潮即太阴日周期，在古代已有认识和记载。北宋燕肃专门研究过合浦郡的潮候。南宋周去非在《岭外代答》中也明确指出：钦州、廉州“日止一潮”，可见是了解太阴日周期的。

朔望月周期。是古代海洋潮汐学中关于潮汐时辰推移和潮汐大小变化的一种周期性。唐代窦叔蒙《海涛志》：“一朔一望，载盈载虚”，可见已发现一朔望月内有两次大潮两次小潮。月亮对海洋生物生长、发育产生影响的朔望月周期方面古代也早有记载。《物理小识》卷2有“水族之物，皆望盈晦缩”的结论。

回归年周期。如果说对春生、夏长、秋收、冬藏的四时韵律的陆地物候的认识是农业的需要所推动，那么对四时韵律的海洋物候的认识则是渔业的需要所推动。长期的渔业实践，不仅发现了许多海洋动物的回游性，而且也充分地利用此回游性形成的汛期集中捕捞，达到海产丰收。古代对回归年周期的认识不局限于海洋生物，还充分表现在对诸如海洋气象等的认识上。中国沿海地区和近海，一年有着不同风信，因而古代有着丰富的风信知识。古代早已形成季风概念，并充分发展了季风航海。古代还为了航海中避免遇到风暴，又确定了一回归年中的（恶）风期。海市出现的回归年周期古代也有记载。

3. 海市成因气映说

关于海市蜃楼的成因，《史记·天官书》、宋代沈括、苏东坡都明确指出海市蜃楼是幻景，引导了后人用大气本身的变化及其引起的光象来解释海市成因。明代郎瑛（1487－1566）在《七修类稿》卷41中提出天地间由于地气不散，上下不同气絪缊交密形成蜃象。他指出上下空气层密度差异的原因，这是正确的。明嘉靖陈霆在《两山墨谈》卷11中进而指出：上层是热的日光中浮动

的尘埃，下层是潮湿的地气，彼此作用变幻形成蜃景。1664年方以智《物理小识·海市山市》转引张瑶星的论述："登州镇城署后太平楼，其下即海也。楼前对数岛，海市之起，必由于此。"这里说的数岛即庙岛群岛。由此可见张、方二人已发现海市蜃楼既非仙山琼阁，又非蜃气所致，而是现实的岛屿城镇景象在大气不均匀层中的反映而已。清初揭暄、游艺进一步阐述了方以智的观点。揭暄注《物理小识》时，阐述了自己观点并明确提出海市蜃楼形成的气映说。他们在《天经或问后集》中，还专门画了个《山城海市蜃气楼台图》。此图以及图中注记，可认为是中国古代对苏东坡、沈括、郎瑛、陈霆、张瑶星、方以智、揭暄、游艺等人所形成的气映理论的总结。

1853年（清咸丰三年）英国传教士艾约瑟（J. Edikins，1823－1905）和张福禧（？－1862）合译《光论》一书。此书系统地向中国介绍了近代西方光学知识。该书在介绍了折射原理后，又详细地描述了海市蜃楼。由此可见，《天经或问后集》对海市蜃楼成因的认识已接近近代世界光学水平。

4. 风暴潮综合预报

海洋占候是航海安全十分重要的一个环节。古代没有天气预报网，水手、渔民就是勤奋而高明的气象观测预报员。《舟师绳墨·跋》：他们"浮家泛宅。弱冠之年即扬历洪波巨浸中。故其于云气氛祲，礁脉沙线，凡所谓仰观、俯察之道，时时地地研究，不遗余力"。在周代的《诗经》《师旷占》《杂占》等书中有不少占候（天气预报）的谚语和方法。战国秦汉时，占候著作已较多，《汉书·艺文志》提到有关海洋占候的《海中日月慧虹杂占》有18卷之多。

唐宋时，中国远洋航海事业有了大的发展。宋代海洋占候也开始从一般的占候中独立出来，南宋时海洋占候已有相当高的水平。《梦粱录》卷12："舟师观海洋中日出日入，则知阴阳；验云气则知风色顺逆，毫发无差。远见浪花，则知风自彼来；见巨涛拍岸，则知次日当起南风。见电光，则云夏风对闪；如此之类，略无少差。"明代海洋占候谚语已有多种，并汇编成册。明导航手册《海道经》将收集的海洋占候谚语分成：占天门、占云门、占日月门、占虹门、占雾门、占电门等。郑和航海时可能使用过，以后流传中又可能有所补充的导航手册《顺风相送》，其收集的占候谚语分编于"逐月恶风法""论四季电歌”“四方电候歌”“定风用针法”等条目中。明导航手册《东西洋考》则将谚语编入“占验”和“逐月定日恶风”两部分中；清导航手册《指南正法》则将谚语编入“观电法”“逐月恶风”“定针风云法”“许真君传授神龙行水时候”、“定逐月风汛”等条目中。

海洋风暴预报的方法很多，其中重要方法是利用海洋的宏观异常前兆，即所谓“天神未动，海神先动”，这方面的方法古代记载较多。

5. 世界海洋论

在古希腊，有关世界的构成有大陆论和海洋论两种。中国古代也有这样两种理论，盖天说主张世界以陆地为主。而浑天说则主张世界以海洋为主，陆地只是大洋中的大陆岛而已。中国古代的世界海洋论是与实际相符的理论。早在先秦，水流千里必归大海已是很清楚的常识。到汉代已形成百川归海的成语。正是百川归海，日夜不停，就形成海洋是最大水体的理论。古代称海洋为“巨海”“大壑”“无底”“天池”等。先秦《庄子·秋水》中说中国十分小，“计中国之在海内，不似稊米之在太仓乎”。又在《南华真经·外篇·刻意》中强调海洋之巨大，“夫千里之远，不足以举其大。千仞之高，不足以极其深。禹之时，十年九潦，而水弗为加益。汤之时，八年七旱而崖不为加损。夫不以顷久推移，不以多少进退者，此亦东海之大乐也”。战国邹衍提出大九州说，认为世界陆地是81个州，大瀛海环其外十分广大直至天地之际。

6. 自然灾异相关性认识

中国古籍中有关自然界相关性现象的记载很多。新近已对有关史料进行系统的收集整理并按类型汇编成《中国古代自然灾异相关性年表总汇》[①]。其中涉及海洋的有：《风潮》413条，《地震－海啸》18条，《干旱－潮枯》11条，《水族应潮应月》15条。内容简介如下：

风潮。古代最能反映风暴潮与风暴因果关系的认识是“风潮”一词。“风潮”成为中国古代风暴潮的专有名词，此专有名词的形成和推广有一历史过程。谢灵运(385－433)的《入彭蠡湖口作》诗有“客游倦水宿，风潮难

①宋正海、高建国、孙关龙、张秉伦，《中国古代自然灾异相关性年表总汇》，安徽教育出版社，2002年。

具论”的诗句[1]。这里虽有“风潮”，但风、潮似未合成一词。宋代潮灾史料也有用“风潮”的，但似乎只指风暴，因为在“风潮”之后，紧接着又讲到“海溢”，如道光《昆新两县志·祥异》：“元丰四年，大风潮，海水溢。”元代，“风潮”已成专用名词，《璜泾志略·灾祥》：“大德五年七月，风潮漂荡民庐，死者八九。”元末明初《田家五行·论风》载：“夏秋之交，大风及有海沙云起，俗呼谓之‘风潮’，古人名曰‘飓风’。”这里的风潮，并非只指大风，还包括大风引起的大海扰动，即海沙云起。同时还明显地指夏秋之交盛行的台风所引起的风暴潮。到了明代，“风潮”作为风暴潮的专用名词已广泛使用。如康熙《靖江县志》卷5《祲祥》和光绪《靖江县志》卷8《祲祥》共记载明代约40次潮灾，其中绝大部分用“风潮”一词。如“风潮，湮没民居”“大雨，风潮淹没田庐”“大风潮，人民淹死”等。清代，“风潮”名称用得更多。关于风和潮的关系，《广东新语》卷1有着明确总结：“风之起，潮辄乘之，谚曰：‘潮长风起，潮平风上，风与潮生，潮与风死。’”

地震—海啸。公元前47年（汉初元二年），山东，“一年中，地再动，北海水溢流，杀人民”（《前汉书·元帝纪》）；1324年（元泰定元年），浙江，“秋八月，地震，海溢，四邑乡村居民漂荡”（民国《平阳县志》卷13）；1867年（清同治六年），台湾，“冬十一月，地大震。二十三日鸡笼头……沿海山倾地裂，海水暴涨，屋宇倾坏，溺数百人”（同治《淡水厅志》卷14）。

干旱—潮枯。1547年（明嘉靖二十六年），浙江，“自夏至冬，浙江潮汐不至，水源干涸，中流可泳而渡”（光绪《杭州府志》卷84）；1888年（清光绪十四年），江苏，“夏，大旱，咸潮倒灌”（光绪《盐城县志》卷17）。

水族应潮应月。公元前235年（秦始皇十二年），“月也者，群阴之本也。月望，则蚌蛤实，群阴盈；月晦，则蚌蛤虚，群阴亏”（《吕氏春秋·精通》）。

本节所提海洋中各种相关性现象，只是指造成灾异的相关性，其实在海洋相关性现象中更常见因而习以为常的则是潮—月同步原理现象。

---

① 《入彭蠡湖口作》，《昭明文选》卷26。

（三）区域海洋学

1. 区域水产志

秦汉以后，沿海农业经济区广泛开发，海洋水产资源的开发随之大大加强，海洋捕捞进入一个全面发展时期。当时海洋水产知识日益增多，其中有关海洋水产知识的古籍也很多，可分五类：一是辞书和类书。如《尔雅》《埤雅》《说文解字》《康熙字典》《艺文类聚》《太平御览》《古今图书集成》等；二是本草著作。如《神农本草经》《新修本草》《本草拾遗》《本草纲目》等；三是渔书、水产志。如《渔书》《鱼经》《闽中海错疏》《海错百一录》《记海错》《水族加恩簿》《相贝经》《禽经》《晴川蟹录》《蟹谱》《蛎蜅考》等；四是异物志和笔记小说。如《扶南异物志》《岭表录异》《临海水土异物志》《博物志》《魏武四时食制》等；五是沿海地方志。

2. 海滩生态学

在中国海洋农业文化中，海滩的采集活动十分悠久和广泛。主要是在潮退后在潮间带采集贝类、螺类和鱼类等生物。潮间带是个特殊生态环境，上潮时这里被海水淹没，退潮后又露出海面。这里的生物生态有着明显的半太阴日周期。古人对海滩生物生态学不仅十分熟悉，还有较多记载。

海滩上有一种小蟹叫“招潮”，为甲壳纲沙蟹科，穴居海滩，雄蟹一螯很大，涨潮前雄蟹举起大螯，上下活动如招潮，故名。古人对招潮记载较多。三国沈莹（？－280）《临海异物志》记载：“招潮小如彭蜞，壳白。依潮长，背坎外向举螯，不失常规，俗言招潮水。”《太平御览》等类书、《潮阳县志》等沿海地方志以及《异鱼图赞》等海产志均记载这种生物节律现象。

古籍还记载数丸蟹的节律现象。唐代段成式（约803－863）《酉阳杂俎》卷17：“数丸形如蟛蜞，竟取土各作丸。丸数满三百而潮至。”

固着在海边岩石上的牡蛎本身不能移动，只能利用潮水摄食，所以也有半太阴日节律。唐代刘恂《岭表录异》记载：“蚝即牡蛎也……每潮来，诸蚝皆开房。”其后，宋代《本草图经》、明代《闽中海错疏》、《闽部疏》均有记载。

总之，海滩生物生态是古代沿海居民十分熟悉的。

3. 地文导航

中国古代不论是近距离航海还是远距离航海，基本用地文导航。明代的郑和航海除横跨印度洋时，其他航程也基本是地文导航体系。地文导航在中国古代航海中充分发展，因而水平高基本可以保证完成远航任务并保护生命船舶安全。

为了确保安全和正确导航，在古代技术条件下，必须采用综合方法，利用各种有定位价值的自然物作航标。地文导航的航标，顾名思义，不是日月星辰，而是地物。最基本的航标是海上地貌，即海岸、河口和岛屿的外形特征和组合关系。这方面古人论述很多。宋代周去非《岭外代答》卷6："舟师以海上隐隐有山，辨诸番国，皆在云端。若曰往某国，顺风几日望某山，舟当转行某方。或遇急风，虽未足日已见某山，亦当改方。"明代巩珍《西洋番国志·自序》："海中之山屿形状非一，但见于前，或在左右，视为准则，转而往。要在更数起止，记算无差，必达其所。"清代《舟师绳墨·舵工事宜》："倘到薄暮行舟，必认一山为重，尖而高者立易识……小而平者，急却难辨。须记得此山的山嘴系何形象，左右有无小山屿，如看见小山屿则知应山，始可认定。"中国古代导航图基本是对景图，详细地绘出航线附近各种可作标志的海上地貌。《郑和航海图》中记载了中国的岛屿多达532个，外国的岛屿314个。其地貌类型，分为岛、屿、沙、浅、石塘、港、礁、硖、石、门、洲11种[①]。通过对南海渔民"更路簿"的研究，可知南海渔民对西沙、南沙群岛海上地貌，尤其是对珊瑚岛、礁的地貌特征有着深刻细致的认识，并为了导航，在数百年间约定俗成，对不同地貌按其地貌特征取了名称，如峙、线、线排、沙、沙排、圈、塘、门、孔、石、马、浮、带坡马等，十分形象，便于记忆，又一目了然[②]。

第二种导航地物是海下地貌。了解海下地貌，不仅有导航作用，而且可保证航行安全。《宣和奉使高丽图经》卷34："海行不畏深，惟惧浅搁，舟底不平，若潮落，则倾覆不可救。"中国古代创造了平底船——沙船，就是防止

①中国科学院自然科学史所，《中国古代地理学史》，科学出版社，1984年，第66页。

②章巽主编，《中国航海科技史》，海洋出版社，1991年，第194～195页。

搁浅。海下地貌导航作用，常是配合海上地貌综合分析而发挥的。明《东西洋考》卷9《舟师考》：“如欲度道里远近多少，准一昼夜风所至为十更，约行几更，可到某处。又沉绳水底，打量某处水深浅几托，赖此暗中摸索，可周知某洋岛所在。”《东西洋考》卷9《西洋针路》谈到小昆仑到真屿航路的记载中有关于识别真屿的办法：“真屿，看成三山，内过打水三十四托，泥地。外过打水十八托，沙地。远过只七八托，便是假屿，水浅不可行。只从真屿东北边出水碓南边过船。”从这里可以看出通过所到之处海底水深（单位“托”）和海底物质（泥、沙、石等）的测定，可以确定船位，进行导航。水下地貌在整个古代一直用重锤法，有时在重锤上绑上牛油以采取海底物质，此法有时还可以独立用于导航。《台湾志略》卷1：“所至地方……如无岛屿可望，则用棉纱为绳，长六七十丈，系铅锤，涂以牛油，坠入海底，黏起泥沙，辨其土色，可知舟至某处。”

通过大量实践，古代水手渔民十分清楚海上地貌与海下地貌的统一性、连续性，因而可以用海上地貌状况来推测海下地貌的走向和分布。《舟师绳墨·舵工事宜》：“至认礁脉，亦以附近之山为主，或由某山嘴，或对某山头，或某山门开，或某山门闭。确对某处，认定某礁，然后可驶戗避。认礁之要不外一开一拢，一横一直。若不看对山，不识其门，稍有犹豫忽略，鲜有不受其害。”这种上下地貌共生的现象，古代称之为“崩洪”。《山洋指迷》卷3《过峡》：“崩洪，峡者，穿江过河之石脉也。山脉从水中过，是山与水为朋，水与山为共，故曰崩洪……石骨过处，水分两分。但水面不能见耳。”中国古代渔民、水手十分熟悉南海、黄海等海区的海下地貌大势。宋代周去非《岭外代答》卷1：南海海底地貌，“钦廉海中有砂碛，长数百里，在钦境乌雷庙前直入大海，形若象鼻，故以得名。长砂也，隐在波中，深不数尺，海舶遇之辄碎。去岸数里碛乃阔数丈，以通风帆”。清代陈伦炯《海国闻见录·天下沿海形势》：“自廉之冠头岭而东，白龙、调埠、川江、永安山口、乌免，处处沉沙，难以名载；自冠头岭而西，至于域防，有龙门七十二径，径径相通。径者，乌门也。通者，水道也。以其岛屿悬杂，而水道皆通。廉多沙，钦多岛。”宋代赵汝适《诸蕃志》卷下对南海“千里长沙”“万里石床”进行了阐述，“至吉阳，乃海之极，亡复陆涂。外有洲，曰乌里，曰苏吉浪，南对占城，西望真腊，东则千里长沙、万里石床”。宋代徐兢《宣和奉使高丽图经》

卷34《黄水洋》记述黄水洋的海底地貌："黄水洋即沙尾也，其水浑浊而浅。舟人云其沙自西南来，横于洋中千余里，即黄河入海处。"

第三种导航地物是海标，也可归入广义的陆标中，除了上述的海底物质外，还有海水颜色和海区指示生物。宋代对海水颜色与海深关系有较深的认识，《宣和奉使高丽图经》中已明确把黄海分成黄水洋、青水洋、黑水洋，这显然与海水深浅有关。《文昌杂录》卷3则明确指出两者关系："昔使高丽，行大海中，水深碧色，常以蠟碣长绳沉水中为候，深及三十托已上，舟方可行。既而觉水色黄白，舟人惊号，已泊沙上，水才深入托。"《梦粱录》卷12也明确记载水色与同海岛的距离间的关系："相色之清浑，便知山之远近。大洋之水，碧黑如淀；有山之水，碧而绿，傍山之水，浑而白矣。"古代常用"黑"来形容海洋深水处。在黄海有"黑水洋"，在东海则有"黑水沟"。黑水沟是暖、寒流交汇的地方，横渡台湾海峡时，黑水沟被视为畏途[①]。台湾海峡海道，船舶往来频繁，但海底地形十分复杂，深度变化很大。在清代，横渡海峡时，水手常用海水颜色变化来了解船位。《台海使槎录》卷1描绘了从台湾驶向大陆航线上水色的变化。乾隆《台湾县志》卷2则更详细地描绘了从大陆驶向台湾航线上水色的变化。

海洋生物与海下地貌也有关系，《梦粱录》卷12 "有鱼所聚，必多礁石，盖石中多藻苔，则鱼所依耳"，无疑这有导航作用。不少海洋生物如拜浪鱼、飞鱼、拜风鱼、白草，生长的区域性强，所以可作为海区的指示生物，有时被用来导航。如"独猪山，打水一百二十托……贪东多鱼，贪西多鸟。内是海南大洲头，大洲头外流水急，芦荻柴成流界。贪东飞鱼，贪西拜风鱼"[②]。鲣鸟是生活在西沙群岛的鸟类，现被称为"导航鸟"。古代航行南海的水手已了解它的导航作用。《海国闻见录》："七洲洋中的一种神鸟……名曰箭鸟。船到洋中，飞而来，示与人为准，呼号则飞而去。间在疑似，再呼细看，决疑仍飞而来。"

导航除了船标还有海图。介绍中国古代海图，应从水路簿谈起。目前发现的水路簿大都是清代编写，但可以肯定水路簿的出现比针经和正规海图出现

①陈瑞平，《我国古代对台湾海峡的气象和水文的认识》，《科学史集刊》第10辑。

②《两种海道针经》，中华书局，1961年，第117页。

要早得多。水路簿只有文字，没有图，它是渔民和水手自编自用的，所以没有规范化。其中所记地名往往只是注音式的。许多用词也只是他们的行话或土语，内容完全来自实践，并且也由世代渔民和水手以亲身实践的新认识，不断地来修改和补充。所以和正规海图比较起来，水路簿所反映的海洋地貌知识主要是“源”而不是“流”。古代针经是宋代指南针开始用于航海之后，在水路簿的基础上逐渐发展起来的。著名的针经主要出现在明清，如《东西洋考》《渡海方程》《指南正法》《海道经》《顺风相送》等。古代渔民也有自编自用的海图，虽然有了图，比水路簿进了一步，但同样是质朴简陋的，和水路簿一样以手抄本形式出现。由此可见这类民间海图同样是“源”而不是“流”，它们均是正规海图形成和发展的重要基础。但它们本身由于十分简陋，所以朝廷官府不予收藏，自然也很难流传后世。

海图在中国起源可能很早，《山海经》是中国古代地理名著。据说此书原来有图——《山海图》，后来散失了。当代学者认为，而“今已散失的《山海图》，其中一部分可能就带有原始航海图的性质”[①]。可见中国海图出现十分久远。到了宋代才有比较明确的海图记载，如《玉海》卷16中提到的北宋的《太平兴国海外诸域图》，北宋徐兢的《宣和奉使高丽图经》卷34提到的“神舟所经岛、洲、苫、屿，而为之图”，明初《海道经》中的《海道指南图》等，是我们现在看到的比较早的海图；《郑和航海图》是中国古代最系统最完备的海图。综观能见到的明清海图，我们可以这样说，几乎没有一幅海图不是用于地文导航的对景图，特别是有代表性的海图《明朝使臣出使琉球航海图》[②]《郑和航海图》《海运图》[③]《古航海图》[④]等，它们均不考虑大地球形问题，根本没有经纬度，只是详细地描绘航线附近的地形地物，山形水势。显然这与西方是有明显区别的。

4. 小海区（洋）

随着人们海上生产活动的增加，粗略的大范围海区划分逐渐不能满足现

①章巽，《记旧抄本古航海图》，《中华文史论丛》第7辑，上海古籍出版社，1978年。
②《明朝使臣出使琉球航海图》，萧崇业，《使琉球录》。
③《海运图》，道光《蓬莱县志》卷1。
④章巽，《古航海图考释》，海洋出版社，1980年。

实的需要，小海区的划分和命名亦慢慢地见之于文献。元代海运中提到的黄海海区的黄水洋、青水洋和黑水洋，这是以含沙量、深浅、水色等划分黄海的小海区。台湾海峡被称作“横洋”，其中又根据航海的需要进一步划分成几个更小的“洋”。乾隆《台湾县志》卷2：“台海潮流，止分南北，台厦往来，横流而渡，号曰横洋，自台抵澎为小洋，自澎抵厦为大洋，故亦称重洋。”在海中因航线划分小海区的情况之外，更多的是采用与海区毗邻大陆名称，如称浙江外面海区为“浙洋”，《清高宗实录》卷156：“浙洋宽深无沙，出洋便可扬帆，毫无阻碍。”比“浙洋”更小的海区，亦有称“洋”的，如《郑和航海图》中，称浙江象山港外的海区为“孝顺洋”，其邻近的小海区称“乱礁洋”。文天祥有《过零丁洋》为题的诗句，零丁洋在广东珠江口外，又名伶仃洋，因有伶仃岛而取名。这种小海区而取“洋”名者很多，《广治平略·沿海全境》中有“乌沙洋为白沙巡司界，九星洋为福永巡司界”“记心洋为平海所界”[①]。“海南四郡之西南，其大海曰交趾洋”[②]。元代周达观《真腊风土记·总叙》：“自温州开洋，行丁未针，历闽广海外诸州港，过七洲洋，经交趾洋到占城，又自占城顺风可半月到真蒲，乃其境也。又自真蒲行坤申针，过昆仑洋，入港。”这些“洋”都是小海区，都分别隶属于黄海、东海与南海。也有称小海区为“海”的，如“琼海”[③]。且有“海”与“洋”同称某小海区的，如苏州海，又称苏州洋。从上述的介绍中，不难发现，在我国古代人们的概念中，“洋”并非比海大，恰恰相反，它经常是被用来命名比海小的海区。况且，除了远离大陆、海岛的海区外，洋的名称一般与滨海的陆地或海岛名称相关。这种命名原则在中国古代是较普遍的。所以，在我国的传统观念中，“洋”字所统辖的水（海）域要比海小。[④]

以“洋”字来命名小海区，起于何时实无法考证清楚。最早对“洋”字作地理学的解释，乃是南宋初（12世纪）赵令畤的《侯鲭录》卷3：“今谓海之中心为洋，亦水之众多处。”又说：“洋者，山东谓众多为洋。”赵德麟的解释，仍沿袭《尔雅·释诂》“洋，多也”的引申，与“洋”命名小区并不

①②《古今图书集成·方舆汇编·山川典》卷314。

③《边海外国志》，《古今图书集成·方舆汇编·山川典》卷309。

④ Guo Yongfang, The Character “Yang” of Cbinese Traditional Ideas—A Study of Nomenclature of Small Sea Areas, Deutscbe Hydrographiche Zeitschrift, Nr. 22，1990.

相同。可见，至南宋初年，“洋”仍为小海区的命名尚未约定俗成。估计，只有南宋政权偏居一隅，财政收入有赖于海外贸易，在航海事业更为发达时，“洋”作为小海区的命名才能应运而生。

我国小海区的“洋”名，较早见诸文献的是北宋末年宣和年间（119－1125）徐兢的《宣和奉使高丽图经》卷34：“白水洋，其源出靺鞨，故作白色；黄水洋，即沙尾也，黄水洋浊且浅。”王应麟（1223－1296）《玉海》卷15《绍兴海道图》则有：“缘苏洋之南”的话，都是“洋”作为小海区的最早文献。

南宋周去非《岭外代答》提到交洋、交趾海，以及东大海、东洋海、南大洋海等等。从中可以看到，周去非的时代尚处于海、洋交互使用时期。至南宋末吴自牧《梦粱录》说航海到东南亚亚“若经昆仑、沙漠、蛇龙、乌猪等洋”，似乎已至以“洋”来命名的完成期。所以，不妨说“洋”的小海区的命名，起源于宋中期，完成于宋末期。当中的近200年是演变的过渡期。

元明及以后，“洋”字作为小海区的命名趋于兴盛，这从《郑和航海图》《顺风相送》等重要文献中得到有力的证明。之后的沿海地方志更为普遍，逐渐成为一般的命名原则。

最后，在我国现代概念“洋”的产生，乃从西方传入。就目前所知，最早见诸文献的是英国人慕维廉（W. Muirhead，1822－1900）著的中文本《地理全志》，该书成为咸丰癸丑年（1853年），由江苏松江上海墨海书馆出版，书里的“世界全图”明确标出“太平洋”“大西洋”和“印度洋”，又把今天我国南海的南面海域标作“南洋”——显然照顾到中国的传统叫法。中国传统说的“下南洋”，乃指今天的印度尼西亚等地。

第四章 海洋文学艺术

海洋的宏大和深邃，海洋潮汐的汹涌壮观，海洋资源的丰富多样，海洋活动的惊险等等，无不给人以强烈的影响，历代的文学家、艺术家们都充满激情地去描绘它、歌颂它。因此在中国传统海洋文化中留下大量文学艺术遗产。

一、观潮的诗、词、赋、画

入海河口有着明显的潮汐现象。在一些喇叭形河口，会出现一种壮观的潮汐。这种潮汐来临时，潮湍陡立，犹如一垛水墙，来势汹涌，如万马奔腾，排山倒海，异常壮观。这就是“暴涨潮”或称“涌潮”“怒潮”。中国自古以来暴涨潮发育，长江口的广陵涛盛于汉至六朝，钱塘江口的钱塘潮则盛于唐宋以来，至今不衰。中国古代观潮之风盛行，观潮的诗、赋、画等作品也特别丰富多彩。

公元2000年前长江口是一喇叭形河口，喇叭形的细口正在广陵（今江苏扬州）[①]，所以形成的暴涨潮称为广陵涛。广陵观涛早在西汉已形成风俗。西汉枚乘（？一前140）的辞赋《七发》写有七段故事，其中“观涛”一段生动细腻地描述了壮观的广陵涛的全过程：

> 其始起也，洪淋焉，若白鹭之下翔，其少进也，浩浩溰溰，如素车马惟盖之张。其波涌而云乱，扰扰焉如三军之腾装。其旁作而奔起也，飘飘焉如轻车之勒兵。六驾蛟龙，附从太白……凌赤岸，篲扶桑，横奔似雷行。诚奋厥武，如振如怒，沌沌浑浑，状如奔马。混混庉庉，声如雷鼓……[②]

西汉以后，赞美广陵涛的文学作品更多。东汉王充曾说：“广陵曲江有

①陈吉余等，《南京吴淞间长江河槽的演变过程》，《地理学报》1959年第3期。

②《七发》，《昭明文选》卷3。

涛，文人赋之。”[①]唐代有不少关于广陵涛的诗，如崔颢（704－754）《长干曲》有“逆浪故相邀，菱舟不怕摇。妾家扬子住，便弄广陵潮”的诗句[②]。李颀（690－753）《送刘昱》有“鸬鹚山头微雨晴，扬州郭里暮潮生”的诗句[③]。虽然唐大历以后广陵涛已消失，但诗人们仍在怀念着它，如李绅（772－846）在《入扬州郭》中就有“欲指潮痕问里闾”的诗句。[④]

钱塘江暴涨潮在东汉已有，在唐宋时已十分壮观。钱塘观潮已全国闻名，不少著名文学家、画家均到杭州观过潮，他们为潮的壮观所激动，留下了不少作品。东晋顾恺之（约345－409）的《观涛赋》，较早地对钱塘江怒潮进行了生动的描述：

> 临浙江以北眷，壮沧海之宏流。水无涯而合岸，山孤映而若浮。既藏珍而纳景，且激波而扬涛。其中则有珊瑚、明月、石帆、瑶瑛、雕鳞、采介，特种奇名。崩峦填壑，倾堆渐隅。岭有积螺岭有悬鱼。谟兹涛之为体，亦崇广而宏浚。形无常而参神。斯必来以知信，势刚凌以周威。质柔弱以协顺。[⑤]

唐代长庆初年大诗人白居易（772－846）任杭州刺史，他写有专门的《咏潮》诗，其中有“早潮才落晚潮来，一月周流六十回，不独光阴朝复暮，杭州老去被人催”的名句[⑥]。诗人李益（748－约829）的《江南曲》则有“早知潮有信，嫁与弄潮儿”的名句[⑦]。唐代潮汐诗还有姚合（约775－约846）的《钱塘观潮》、罗隐（833－910）的《钱塘江潮》等诗篇。唐代潮汐学家卢肇把自己的潮汐学专篇，取名为《海潮赋》，也是有较高文学价值的。

宋代钱塘观潮风俗更盛，特别在南宋建都临安以后。有不少大文学家到过杭州观过潮写有不少观潮作品。范仲淹（989－1052）在杭州做过刺史，写有气势磅礴的观潮诗。蔡襄（1012－1067）是当时杰出的书法家，曾知杭州，写有《和浙江口观潮》诗，他为禁止危险的弄潮活动还专门写有《戒约弄

---

①《论衡·书虚篇》。

②《长干曲》，《乐府诗集》卷72。

③《送刘昱》，《全唐诗》卷133。

④《入扬州郭》，《全唐诗》卷482。

⑤《观潮赋》，《全上古三代两汉三国南北朝文·全晋文》。

⑥《咏潮》，《梦粱录》卷4“观潮”引。

⑦《全唐诗》卷283。

潮文》，也是有较高文学价值的。当时还有一个杰出的书画家米芾（1051－1107）也写有《海潮诗》。诗人陈师道（1053－1102）写有《十七日观潮》等。

1127年（建炎元年）南宋建都临安（今杭州）观潮之风更盛。南宋朱中有《潮颐》一文，对钱塘怒潮有生动的描写：

> 观夫潮之将来，先以清风，渺一线于天末，旋隐隐而隆隆。忽玉城之嵯峨，浮贝阙而珠宫，尔若鹏徒，又类鳖汴。荡谲冲突，倏忽千变，震万鼓而霆碎，扫犀象于一战。既胆丧而心折，亦神凄而目眩。已而潮平，迤逦东去。[①]

南宋周密（1232－约1298）《武林旧事》中，也有《观潮》文，也生动地描绘了钱塘怒潮。

古代潮汐画较难保存，因此留下来的不算多。唐代观潮画目前可考的，最早的是李琼的海涛画。今存最早的潮汐画是南宋李嵩的《钱塘观潮图》《夜潮图》、夏珪的《钱塘观潮图》，他们二人均是钱塘（今杭州）人。据载南宋赵伯驹也曾作有《夜潮图》。

钱塘江观潮的风俗经久不衰，直至今天。明清有关观潮的诗、词、赋、画等文学艺术作品更是层出不穷，其中不少收集于《海塘录》和浙江、杭州、海宁等地方志中。

南海地区有一种潮称“沓潮”，是指老潮未退、新潮已来，两者汇合在一起的现象。唐代诗人刘禹锡（772－842）专门写有《沓潮歌》[②]。清代广东沿海有理想化的《沓潮曲》，强调了两潮汇合，以此比喻爱情和青年男女的期约。《广东新语》说“粤人以为期约之节，予以沓潮曲云：‘两潮相合时，不知早与暮，与郎今往来，但以潮为度。’”[③]

---

①《潮颐》，《中国古代潮汐论著选译》，科学出版社，1980年。

②《沓潮歌》，《乐府诗集》卷94。

③《广东新语》卷4。

二、观海市的诗文

海市蜃楼朦胧奇丽景象，犹如仙景。登州（今山东蓬莱）海市尤为绮丽，极大地吸引着古人去遐想、去赞美和描绘。《史记》最早作了描绘："海市蜃气象楼台，广野气成宫阙然。"[①]唐宋时也时有描述，如《唐国史补》："海上居人，时见飞楼如缔构之状甚壮丽者。"[②]《梦溪笔谈》描述："登州海中时有云气，如宫室、台观、城墙、人物、车马、冠盖，历历可见。"[③]

古代描绘海市蜃楼的文学作品不少，但最著名应数苏轼的《登州海市》诗。元丰八年（1085年）十月十五日，苏轼到任登州，很想观赏到闻名全国的登州海市。尽管节气已过，但他终于如愿以偿，十分高兴，因而写下了这首著名的《登州海市》诗：

东方云海空复空，群仙出没空明中。
荡摇浮世生万象，岂有贝阙藏珠宫。
心知所见皆幻影，敢以耳目烦神功。
岁寒水冷天地闭，为我起蛰鞭鱼龙。
重楼翠阜出霜晓，异事惊倒百岁翁。
人间所得容力取，世外无物谁为雄。
率然有请不我拒，信我人厄非天穷。
潮阳太守南迁归，喜见石廪堆祝融。
自言正直动山鬼，岂知造物哀龙钟。
信眉一笑岂易得，神之极汝亦已丰。
斜阳万里孤岛没，但见碧海磨青铜。
新诗绮语亦安用，相与变灭随东风。[④]

这首诗把对海市的描述和作者的抒情融成一体，是现实主义和浪漫主义的结合，十分感人。

---

① 《史记·天官书》。
② 《唐国史补》卷下。
③ 《梦溪笔谈》卷21。
④ 《登州海市》，《东坡七集·东坡集》卷15。

南宋诗人林景熙（1242－1310）的《蜃说》则生动地描述了海市蜃楼变幻的具体过程：

> 尝读《汉书》天文志载海旁蜃气象楼台，初未之信。庚寅季春，予避寇海滨。一日饭午，家徒走报怪事曰，海中忽涌数山，皆昔未尝有，父老观以为何异。予骇而出，会颖川主人走使邀予，既至，相携登聚远楼东望，第见沧溟浩渺中，矗如奇峰，联如叠巘，列如碎岫，隐见不常。移时城郭台榭，骤变欻起，如众大之区，数十万家，鱼鳞相比，中有浮图老子之宫。三门嵯峨，钟鼓楼翼，其左右檐牙历历，极公输巧不能过。又移时，或立如人，成散如兽，或列若旌旗之饰，瓮盎之器，诡辩万千，日近晡，冉冉漫灭。[1]

明末方以智在《物理小识》中也生动有趣地描绘了海市蜃楼的景象：

> 每春秋之际，天色微阴，则见顷刻变幻。鹿征亲见之，岛下先涌白气，状如奔潮，河亭水榭应目而具，可百余间。文窗雕阑无相类者。又一次则中岛化为莲座，左岛立竿悬幡，右岛化为平台。稍焉，三岛连为城堞而幡为赤炽。睢阳袁可立为抚军时，饮楼上，忽艨艟数十扬幡来，各立介士，甲光耀目，朱旆蔽天，相顾错愕。急罢酒，料理城守，而船将抵岸，忽然不见，乃知是海市。

《遁斋闲览》曰："湘潭方广寺四月朔日，在东壁则照见维杨官府楼堞民舍，影著壁上[2]。"描绘海市蜃楼的画留存至今的也有，如清代的《山城海市蜃气楼台图》[3]《蜃图》[4]等。

---

①《蜃说》，《霁山集》卷4。

②《物理小识》卷2《海市山市》。

③《山城海市蜃气楼台图》，《天经或问后集》。

④《蜃图》，《古今图书集成·博物汇编·禽虫典》卷156《蜃部》。

三、海洋生物赞

海洋生物十分丰富又种类繁多，所以又称“海错”。海洋生物资源的利用是中国古代以海为田的海洋文化的基本内涵。中国人民自古以来十分赞美海洋生物，有着不少文学性作品。

古代为了指导渔业生产，充分开发丰富多样的海洋生物资源，编写了不少海洋生物志，如《鱼经》《养鱼经》《禽经》《记海错》《闽中海错疏》《海错百一录》《蟹志》《蟹谱》《晴川蟹录》等书。

古代为歌颂海洋鱼类，还有以“赞”的形式写的海洋鱼类志，如明杨慎（1488－1559）写有《异鱼图赞》。明后期胡世安为此书作“补”，写成《异鱼图赞补》一书。此书共作“赞”110首，所赞海洋生物230种，其中多数为海产。

赞美海洋生物的文学作品更多。三国时孙之騄（182－252）的《晴川蟹录》共4卷，后2卷分别为文录和诗录。东晋文学家郭璞（276－324）有《山海经图鳙鱼赞》。南朝文学家江淹（444－505）有《石劫赋》。唐诗人顾况（约730－806）有《海鸥咏》。北宋诗人梅尧臣（1002－1060）有《食蚝》诗和《范饶州坐中客语食河豚》诗。苏轼有《鳆鱼行》诗。张咏（946—1015）有《鲦鲏鱼赋》。金文学家刘迎有《鳆鱼》诗。南宋著作家周必大（1126－1204）有《答周愚卿江珧诗》。元诗人赵孟頫（1254－1322）有《咏珊瑚》诗。明学者于慎行有《赐鲜鲥鱼》诗。

民间也有不少文学作品，如清代广东东莞一带妇女不仅都能打蚝，而且能唱打蚝歌。歌词有：“一岁蚝田两种蚝，蚝田片片在波涛，蚝生每每因阳火，相叠成山十丈高。”①

以图画描述海洋生物的方法，起源可能很早。史载：“昔夏之方有德也，远方图物，贡金九牧，铸鼎象物，百物而为之备。”②所铸九鼎可能载有海洋生物图。据传被称为“小说之最古者”的《山海经》原先是有图的，之

① 《广东新语》卷23。
② 《左传·宣公三年》。

后图亡而经存。现在见到的插图[①]，则是清吴志伊的《山海经广注》和汪绂的《山海经存》所绘的图，虽然缺乏考证，但毕竟丰富了生物绘图艺术的内容。《尔雅》后来补有图，郭璞曾作过《尔雅图》和《尔雅图赞》。现存《尔雅音图》是清“嘉庆六年影宋绘图本摹刊”本，该书序也指出宋代已有图。明清时的多种异鱼图赞原来也是有图的。《山海经》《尔雅》均包含有不少海洋生物内容，而且有图，为中国古代“海洋与艺术”增加了丰富的内涵。宋代吕亢“命工作蟹图，凡十二种”，从而使“北人罕见”者得到形象的了解[②]。当时的李履中曾为其图本作记，傅肱又加上文字说明。从傅氏的说明看，蟹图甚为逼真。明清时的多种异鱼图赞，原来应当是有图的。清代《古今图书集成》中就有许多海洋生物的插图，如《鸥图》《玳瑁图》《海鳐鱼图》《魟鱼图》《弹涂鱼图》《鳣鱼图》《寄居虫图》《龟脚莱图》《螺图》《牡蛎图》《石决明图》《贝图》《水母图》等。

海产不仅是生物，还有无机物，古代开产主要是海盐。元陈椿《熬波图咏》中不仅有图，而且“图各有说，后系以诗”。[③]

四、航海和海洋工程中的文学艺术

航海和海洋工程活动十分浩繁，留下大量文学艺术作品，形式也多姿多彩。

（一）山水对景图

中国古代航海导航主要是地文导航，是参照航线两边的山形水势，所以古代地文导航图为山水对景图，对航线附近的海岸地形和岛屿形状作了正确而形象的描绘。对景图实为长卷分幅的海洋山水画。如《郑和航海图》《古航

①参见袁珂《山海经校注》，上海古籍出版社，1980年。

②《蟹谱》，《晴川蟹录》卷3《文录》引。

③《四库全书总目》卷82《史部·政书类二》。

海图》[①]《琉球过海图》[②]等，不仅为航海图册，而且其中海塘分布图实为河口海岸的山水画，如《海塘录》《两浙海塘通志》中的图就是如此。地方志或其他著作中也有海岸山水图，如《崂山图》[③]《渔梁歌钓》（晚潮新月）[④]、《窥望海岛之图》[⑤]等，均是中国古代人描绘海岸地貌的艺术作品。

（二）航海游记

古代不少远航活动随行有文人，他们不仅忠实地记载航海途中以及所到各国的情况，而且回国后写成游记。这既是重要的科学遗产，也是宝贵的文学遗产。这类游记较多，主要有三国时朱应的《扶南异物志》、康泰的《外国传》；东晋法显的《佛国记》；宋徐兢的《宣和奉使高丽图经》、赵汝适的《诸蕃志》、周去非的《岭外代答》；元周达观的《真腊风土记》、汪大渊的《岛屿志略》；明马欢的《瀛涯胜览》、费信的《星槎胜览》、巩珍的《西洋番国志》，清陈伦炯的《海国闻见录》、王大海的《海岛逸志》、谢清高的《海录》等书。

随着航海的发展，许多航海故事和海上见闻往往以传奇等形式传播开来。战国时期在燕昭、齐鲁一带就流传着海外三神山的美丽传说。在秦代此三神山传说吸引了秦始皇派徐福远航寻找延年益寿仙药。汉代也流传着八方巨海中有十洲，因而也吸引了汉武帝派人去远航，寻找仙药。成书于战国末的《山海经》有海外故事，也与战国时期航海发展有关。

最早记载将南海称“涨海”的文献，也是来自航海经历所形成的神话色彩故事。如谢承《后汉书》记载：“汝南陈茂，尝为交趾别驾。旧刺史行部，不渡涨海。刺史周敞，涉海遇风，船欲覆没。茂拔剑诃骂神，风即止息。”[⑥]八仙过海的故事在唐、宋、元、明广为流传，脍炙人口，显然与这一时期海外航海发展有关。

文学家描述航海的作品也不断产生。唐杰出诗人杜甫（712—770）曾经

①章巽，《古航海图考释》，海洋出版社，1980年。

②萧崇业，《使琉球录》。

③《古今图书集成·山川典》卷29。

④乾隆《蓬莱县志》卷1。

⑤《古今图书集成·历法典》卷122。

⑥谢承《后汉书》，《太平御览》卷60引。

描述过早期的海洋漕运，他的《后出塞》有“渔阳豪侠地，击鼓吹笙竽；云帆转辽海，粳稻来东吴”的诗句。南宋杰出政治家、文学家文天祥（1236—1283）在过珠江口外的零丁洋时，写下了《过零丁洋》诗，抒发了自己的政治主张和高尚气节。

郑和航海的故事，后也被编成故事《三宝太监西洋记通俗演义》，并在民间广泛流传。长篇小说《镜花缘》，为清李汝珍（约1763—约1830）所作。书前半部叙述唐敖等游历海外的见闻，充满了对海外传奇浪漫色彩的描绘。《镜花缘》中许许多多的故事并非纯粹是作者杜撰，而是与唐、宋、元、明中国海外航行发展，不断传播有关海外航行和海外故事有关。在这方面的例子是很多的。反映郑和下西洋的下层士兵海上奇遇的有《冶城容论·蛇珠》。该文云：

永乐中，下洋一兵病疟，殆死。舟人欲弃海中，舟师与有旧，乃丐于众，予锅釜衣粮之属，留之岛上，甫登岛，为大雨淋漓而愈，遂觅嵌岩居焉。岛多柔草佳木，百鸟巢其中，卵壳布地，兵取以为食，旬日体充。闻风雨声自海出，暮升旦下，疑而往觇焉。得一径如蛇之出入者，乃削竹为刃，伺蛇升讫，夜往插其地。乃晨，声自岛入海，宵则无复音响。往见，腥血连延，满沟中皆珍珠，有径寸者。盖蛇剖腹死海中矣。其珠则平日所食蚌胎云。兵日往拾，积岩下数斛。岁余，海艅还，兵望见大呼救济，内使哀而收之，具白其事，悉担其珠入舟，内使分予其人十之一。其人归成富翁。[①]

继而有周之璋在《泾林续记》中还记载了一位叫苏和的海商，由微本而成巨富的故事。凌濛初（1580—1644）后来在其《拍案惊奇》中据此故事为蓝本，创作了《转运汉巧遇洞庭红，波斯胡指破鼍龙壳》的话本。

（三）祈风和季风航海诗文

季风航海发展，需要了解季风的规律，这也产生了有关文学作品。苏轼、苏过父子俩都写过与季风航海有关的文学作品，苏过写了《飓风赋》，介绍了海洋风暴预报，苏轼则写了《舶趠风》诗，介绍了季风航海。《舶趠风》

---

① 《冶城容论·蛇珠》。

诗云：

三旬已过黄梅雨，万里初来舶趠风；
几处萦回度山曲，一时清驶满江东，
惊飘簌簌先秋叶，吹醒昏昏嗜睡翁；
欲作兰台《快哉赋》，却嫌分别问雌雄。[①]

清诗人查慎行（1650－1727）继苏轼之后写了《舶趠风歌》，更详细地介绍了季风航海：

吾闻千里以外风不同，人间乃有万里之长风。来从海上梅雨后，纪自西郊野叟眉山翁。古称博物家，无若周元公。《尔雅·释天》篇，八方风色以类从……《周礼》保章十有二，妖祥乖别占荒丰。下而庄生《齐物论》，以至应劭《风俗通》……舶趠之名特未悉，土俗传说惟吴中。吴中五六月，水盛溽暑方蕴隆。此风东南来，一扫云翳还虚空。商羊、黑蜧、潜厥踪。炎官亦退三舍避，大启橐籥伊谁动。三日湿气消，五日暑气融。连绵七日九日尚未止，快哉何暇分雌雄。羊角初从何处起，合而为一浩荡来无穷。国家象胥译九重。白雉入贡兼青熊，良商豪贾狎海童，高帆幅亚扶桑红。中男长女各效职，飞渡溟渤如轻鸿。此时田间一老翁，置身恍在兰台宫。不知人生更复有何乐，但向北窗高枕卧听声蓬蓬。[②]

季风航海发展导致了唐、宋、元祈风活动的兴起。为介绍祈风及其意义，也产生了一些文学作品，如南宋泉州太守王十朋（1112－1171）写有《提舶生日》诗，诗句有“北风航海南风回，远物来输商贾乐”[③]，描述了泉州港利用季风航海发展港口国际贸易的繁荣情景。泉州太守真德秀（1178－1235）写有《祈风文》[④]，说明祈风的意义。

①清王文浩辑注《苏轼诗集》，中华书局，1982年，第三册，第972页。
②《舶趠风歌》，《敬业堂诗集》卷43。
③《梅溪先生文集·诗文后集》卷20《提舶生日》。
④《祈风文》，《真文忠公集》卷50。

五、海洋歌、谚语、成语和海赋

谚语和歌是流传于民间的简练通俗而富有意义的语句，是民间文学的一种形式，大多反映人民生活和斗争经验。中国古代海洋活动依赖于气象预报（海洋占候）。由于渔民和水手文化水平一般不高，所以有关海洋占候的经验和方法常以简练、朴素、通俗的海洋歌和谚语形式传播。

占候谚语在中国出现很早，《诗经》中就有“月离于毕，俾滂沱矣”，①“朝隮于西，崇朝其雨”②等谚语，在《道德经》中就有“飘风不终朝，骤雨不终日”③等谚语。以后海洋占候谚语大量产生。宋代文学家苏过(1072－1123)写有《飓风赋》，专门介绍风暴预报：“仲秋之夕，客有叩门指云物而告予曰：海气甚恶，非祲非祥，断霓饮海而北指，赤云夹日而南翔，此飓风之渐也。”④以上所描述的台风前兆是真实的，有预报意义。断霓、赤云等在明清占候书中也时常被应用。如明《东西洋考》：“断虹晚见，不明天变。断虹早挂，有风不怕。”⑤宋代以后海洋占候谚语十分丰富，并逐步形成占天、占云、占风、占日、占虹、占雾、占电、占海等门类。明代《东西洋考》《顺风相送》《海道经》《指南正法》均收集有大量海洋占候谚语，从而形成以谚语为主体的中国海洋占候独特体系。在《顺风相送》中，某些门类的海洋占候谚语朗朗上口又称为歌，如《论四季电歌》《四方电候歌》等。明戚继光(1528－1587)把海洋占候谚语编撰起来，称为《风涛歌》，以便水兵掌握和使用。《风涛歌》主要是用于风暴预报的，如“海猪乱起，风不可也”，“虾笼得鲊，必主风水”⑥等。由于长浪作用，风暴到来前，海洋水文和生物常有异常，形成先兆，所以古代有“天神未动海神先动”“海泛沙尘，大飓难禁”⑦等占候谚语。

---

①《诗经·小雅·渐渐之石》。

②《诗经·国风·蝃蝀》。

③《老子本义》第19章。

④《飓风赋》，《斜川集》卷4。

⑤《东西洋考》卷9《占验》。

⑥⑦《风涛歌》，同治《福建通志》卷87《风信潮汐》。

关于风和潮的关系，也有不少谚语。《广东新语》云："风之起，潮辄乘之，谚曰：'潮长风起，潮平风止。风与潮生，潮与风死'。"[①]在潮汐与航海关系上也有不少谚语，如"老大勿识潮，吃亏伙计摇"等。

古代还有生动描绘风暴潮灾害的诗，如《东台县志》记载的关于明永乐十九年（1421年）的风暴潮诗：

辛丑七月十六夜，夜半飓风声怒号；
天地震动万物乱，大海吹起三丈潮；
茅屋飞翻风卷土，男女哭泣无栖处；
潮头驰到似山摧，牵儿负女惊寻路；
四野沸腾那有路，雨洒月黑蛟龙怒；
避潮墩作波底泥，范公堤上游鱼渡；
悲哉东海煮盐人，尔辈家家足辛苦；
濒海多雨盐难煮，寒宿草中饥食土；
壮者流离弃故乡，灰场蒿满地无卤；
招徕初蒙官长恩，稍有遗民归旧樊；
海波急促余生去，几千万人归九泉；
极月黯然烟火绝，啾啾鸣鸣叫黄昏。[②]

唐代湾鳄在广东分布较多，危害严重，在文学作品中也有反映。唐代韩愈(768－824)写有《祭鳄鱼文》，宋代陈尧佐(963－1044)写有《戳鳄鱼文》等。沈括还记载有鳄鱼图："王举直知潮州，钓得一鳄，其大如船，画以为图。"[③]

海洋成语简单易记，非常实用，又富有哲理，不少是经过长期提炼应用而流传至今。归纳起来主要有：一帆风顺；一衣带水；一波未平，一波又起；八仙过海，各显神通；人山人海；三天打鱼，两天晒网；大海捞针；山盟海誓；无风不起浪；天涯海角；五湖四海；水涨船高；以蠡测海；风平浪静；石沉大海；四海之内皆兄弟；四海为家；付之东流；百川汇海；百川归海；血海

① 《广东新语》卷1。
②嘉庆《东台县志》卷38《艺文》，《中国历代灾害性海潮史料》，第90页。
③ 《梦溪笔谈·异事》卷21。

深仇；沧海一粟；沧海桑田；沧海横流；泥牛入海；放之四海而皆准；鱼龙混杂；洋洋大观；看风使舵；顺水推舟；海内存知己，天涯若比邻；海市蜃楼；海外奇谈；海底捞月；海枯石烂；海阔天空；海誓山盟；珠光宝气；蚕食鲸吞；乘风破浪；倒海翻江；惊涛骇浪；望洋兴叹；排山倒海；兴风作浪；江翻海倒，移山倒海；汪洋大海；精卫填海等。这些成语，充分反映了海洋的深广、富庶和神奇的特点。

古代以赋的形式描述海洋，不但有潮赋和观潮赋，还有总览性的文章。在古人眼中，海洋被看作是吐星出日，天与水际，其深不可测，其广无臬，怀珍藏宝，神隐怪匿的世界。历代文人因而写有不少赋来歌颂它，著名的海赋不下数十篇。汉代有班固的《览海赋》、王粲的《游海赋》；三国有曹操的《沧海赋》；晋代有潘岳的《沧海赋》、木华的《海赋》、孙绰的《望海赋》、庾阐的《海赋》；宋代有吴淑的《海赋》；明代有王亮的《观海赋》、肖崇业的《航海赋》、郑怀魁的《海赋》等。

关于海洋的民间故事是十分丰富的[①]，在沿海民间广为传播。这些故事出自渔公渔婆之口，出自水手之口，带着海风，带着鱼香，带着各地方的韵味，内容生动、神奇、优美，风格多样，故事活灵活现地刻画海龙王、海洋女神观世音、海渔郎以及龟臣鳖相、虾兵蟹将、蛇婆龙女、海螺公主、飞鱼姑娘等等文学形象，体现着中国海洋民间故事的特色。

海洋艺术的内容形式也是多种多样的。除以上所述之外，还有诸如珍珠、珊瑚、宝贝等海洋生物产品，在古代被加工成各种各样的珍贵艺术品，其中不少保存至今，显示中国古代匠人巧夺天工的技艺，也充分体现了中国海洋文化的丰富和灿烂。

①王结、周华斌编，《中国海洋民间故事》，海洋出版社，1987年。

第五章 多神的海洋信仰

沿海广大地区，由于海洋的宏大、绮丽、深邃和神秘，由于海洋水体的无常变化和海洋灾害的严重和不断，也由于海洋物产的富庶和无私，使人们能得以吃海、用海、思海。所以在古代，当人们还不了解海洋规律，还无法抗拒海洋变化时，因对海洋的感恩、膜拜和恐惧，产生了与海洋有关的宗教信仰及其有关活动，是十分自然的，其内容和形式也是多样的。

中国传统海洋宗教是多神论的。多神论，即承认及崇拜多位神祇。与一神论相比，一般认为多神论是一种较原始形态，但学界也有人认为："多神论只出现在一些较进步有文字的文化中，如中国、印度、古代近东、希腊、罗马等；偶尔在一些没文字的文化中也发现它的踪迹(如中美和南美被征服前的宗教)。通常这些文化都有着较进步的耕种方式，它们的经济能够产生充裕的物资，以致人和大自然之间有了一段距离；结果就是分工、社会阶层和政治结构的复杂化。这些都成了孕育多神论的社会和文化背景。在这背景下，人面对宇宙，是如此紧密相连，却又非缠绕不清，这是一种与大自然及与神距离的感觉。这些神虽非全能，却是大能的、位格的、非物质的。他们或由于自动，或成为人类呼求的对象，而介入人类的事件之中。""神的秩序往往是人的秩序之反映。多神论的神界更分化、更有结构，有时甚至层次分明，因为人的世界是如此。因为人的世界是如此复杂多样，神也有许多，甚至还很专门化，因而有个别地方、城市、国家、家庭的神；也有特别执掌的神，如疾病之神、丰收之神、雨神、猎神等等。这许许多多的神必然地产生了统序，较重要的神有名有姓，较不重要的却成了无名之辈"。①

中国传统信奉多神论，信奉自然中的事物，风，雨，江河，土地，动物和死去的人。其实中国地广人多，所谓"靠山吃山，靠水喝水"。每个地区的人们所处的环境不同，物质和精神上的需求也不同，在无宗教压迫和无科学解释的情况下，人民很自然地崇拜起自己身边的偶像，并且神化。至于崇拜死

① http://baike.baidu.com/link?url=BT3KgX-o8GsLR22pmx60UVwY61iowd5tgiaNOFkqBbH5iHs3hDDacpbCTHhKpZZM

人，这主要是来自于佛教转世轮回之说，人死后进入另外的世界，或入炼狱受到惩罚，或上天成为星宿神仙。道家也有类似的学说，生前的英雄死后成为掌管人间的神。这样的传说和神化经过世代相传，变得更加神奇，偶像变得多样化，也就造成了许多由想象力丰富的先辈们幻想出来的神仙和道家佛家儒家的偶像并存的局面。

一、祭海封神

对海洋的膜拜应源于原始社会，但同时也产生了对海洋的挑战精神。炎帝时代精卫填海的故事就是一例。《山海经·北山经》对此有以下记载："炎帝之少女名曰女娃，女娃游于东海，溺而不返，故为精卫。常衔西山之木石，以堙于东海。"《礼记·学记》记载："三王之祭川也，皆先河而后海。"可见，夏禹、商汤、周文王时代的祭海活动已很活跃。

海有海神，不仅要祭海，而且要封王。中国古代有关海陆关系很早就设想大陆被海洋浮载着。而邹衍大九州说更强调，如中国所在的赤县神州有81个，不仅某个州，而且全部州均被海洋围绕着，所以中国自古有四海之说。

龙王，道教神祇之一，源于古代神龙崇拜和海神信仰，是神话传说中在水里统领水族的王，掌管兴云降雨。龙是中国古代神话的四灵之一。《太上洞渊神咒经》中有"龙王品"，列有以方位为区分的"五帝龙王"，以海洋为区分的"四海龙王"，以天地万物为区分的54名龙王名字和62名神龙王名字。龙王信仰在古代颇为普遍，龙往往具有降雨的神性，是非常受古代百姓欢迎的神之一。佛教传入中国，佛经也有龙王兴云布雨之说。

唐宋以来，帝王封龙神为王。唐代朝廷对海更为崇拜，开始封四海龙神为王。唐玄宗天宝十年（751年）"正月丁未，封东海为广德王，南海为广利王，西海为广润王，北海为广泽王"①，然后遣使分祭。宋太祖沿用唐代祭五龙之制。宋徽宗大观二年(1108年)诏天下五龙皆封王爵。封青龙神为广仁王，赤龙神为嘉泽王，黄龙神为孚应王，白龙神为义济王，黑龙神为灵泽王。清同

---

①《册府元龟》卷33。

治二年(1863年)又封运河龙神为“延庥显应分水龙王之神”。龙王成为兴云布雨，为人消灭炎热和烦恼的神，龙王治水则成为民间普遍的信仰。

古人认为，凡是有水的地方，无论江河湖海，都有龙王驻守。龙王能生风雨、兴雷电，职司一方水旱丰歉。因此，大江南北，龙王庙林立，与土地庙一样，随处可见。如遇久旱不雨，一方乡民必先到龙王庙祭祀求雨，如龙王还没有显灵，则把它的神像抬出来，在烈日下暴晒，直到天降大雨为止。历代有关龙王的文学作品不少，主要有神话小说《封神榜》《西游记》，戏曲杂记《柳毅传书》《张羽煮海》等。《西游记》中提到的四海龙王，即东海龙王敖广、南海龙王敖钦、北海龙王敖顺、西海龙王敖闰，也因此使四海龙王成为妇孺皆知的神。

二、三神山和入海求仙

春秋战国时期，在北方沿海形成了齐鲁文化、燕昭文化。由于当时航海十分发达和海外知识的迅速积累，于是开始流传着海外三神山的传说。《汉书·郊祀志上》载：“其传在渤海中，去人不远……盖尝有至者，诸仙人及不死之药皆在焉。其物禽兽尽白，而黄金银为宫阙。未至，望之如云；及到，三仙山反居水下，临之，风辄引去，终莫能至云。”《史记·封禅书》载：“自威、宣、燕昭使人入海求蓬莱、方丈、瀛洲。”可见至少在公元前4世纪至前3世纪时，已不断派人出海，寻求三神山。战国末邹衍大九州说产生的思想基础是来源于历代传播和寻求的三神山等有关知识。三神山的传说还从思想上推动了秦始皇、汉武帝的海外求仙欲望和行动。

秦始皇在长期纷争的中国建立大一统国家后，希望长治久安，更想入非非，希望长生不老，而方士徐福等人投其所好。秦始皇二十八年（前219年），徐福上书说：“海中有三神山，名曰蓬莱、方丈、瀛洲，仙人居之。请得斋戒，与童男女求之。”[1]于是秦始皇便派遣徐福入海远航，寻找长生仙药。徐福的事迹，最早见于《史记》的《秦始皇本纪》和《淮南衡山列传》记

① 《史记·秦始皇本纪》。

载，徐福率众出海数年，并未找到神山。秦始皇三十七年（前210年），秦始皇东巡至琅玡，徐福推托说出海后碰到巨大的鲛鱼阻碍，无法远航，要求增派射手对付鲛鱼。秦始皇应允，派遣射手射杀了一头大鱼。后徐福再度率众出海。

有关徐福东渡寻找三神山求长生仙药一事，《史记·淮南衡山列传》有较详细记载，其中包括徐福从东南到蓬莱，与海神的对话以及海神索要童男童女作为礼物等事。一般认为这是徐福对秦始皇编造的托辞，还记载了徐福再度出海携带了谷种，并有百工随行。徐福带领这三千青年男女和各种工匠再一次出航后，再也没有回来，“得平原广泽，止王不来”。[①]

无独有偶，汉武帝几乎同秦始皇一样遣方士求蓬莱仙山。汉武帝时，海外知识更加丰富。东方朔（前154—前93）在《海内十洲记》《神异经》对此均有记载。方士李少君、栾大曾对汉武帝说：“臣尝游海上，见安期生，食巨枣，大如瓜。安期生仙者，通蓬莱中，合则见人，不合则隐。”因此，汉武帝“遣方士入海求蓬莱安期生之属”。[②]

三、潮神庙和镇海神物

西汉枚乘在《七发》中已把广陵涛说成“候波”，即古代传说中的涛神阳候的波。晋代周处《风土记》则有提到“海䲡出入之度”[③]。明代陈天资《潮汐考》提到：“浮屠书云：‘神龙变化’。”总之神秘性的说法在中国古代丰富的潮论中只是偶然提到，影响很小。

由于钱塘江喇叭形河口周期性发生的怒潮(bore)；也由于台风引起的风暴潮(storm surge)在钱塘江下游形成严重的潮灾。所以这些地方在古代形成潮神膜拜。

（一）子胥祠和海神庙

①《史记·淮南衡山列传》。

②《史记·孝武本纪》。

③周处《风土记》，载《太平御览·地部·潮水》。

对潮神记载较多的是与春秋时吴国大夫伍子胥冤魂驱水为涛的传说有关。伍子胥（？－前484），楚国人，后逃亡吴国，在佐吴王夫差伐楚中建立了功勋而升任吴大夫。后吴打败越国，他因坚持反对夫差同意越王勾践的请和，而触怒吴王，最终被吴王屈杀。《史记·伍子胥传》记载，他“自刭死。吴王闻之大怒，乃取子胥尸盛以鸱夷革，浮之江中。吴人怜之，为立祠于江上，因命曰胥山”。东汉时，有关伍子胥冤魂驱水为涛的传说流传相当广泛。这些传说后来又载入《越绝书》卷14、《吴越春秋》卷5。王充在《论衡·书虚篇》中提到伍子胥驱水为涛的传说及当时立庙祭祀情况：“今时会稽、丹徒大江、钱塘浙江，皆立子胥之庙，盖欲慰其恨心，止其猛涛也。”可见伍子胥在东汉已成了潮神，祭祀活动已流行。

但王充接着对此迷信传说进行了逐条剖析和层层批驳：“广陵曲江有涛……吴杀其身，为涛广陵，子胥之神，无知也。”这就是说，虽然伍子胥为当时吴王所杀，吴都城在今苏州，若那么怨恨吴王，就得在吴地驱水为涛才对，不该在吴地外报复。即既不该在越国的钱塘江作涛，也不该在长江北面的广陵作涛。王充又明确指出：怒潮现象，“上古有之”，并非始自伍子胥时代，并进而用喇叭形河口地形来解释怒潮的成因。东晋葛洪也指出：“俗人云，‘涛是伍子胥所作’，妄也。子胥始死耳，天地开辟已有涛水矣。”[①]

由于钱塘江潮灾十分严重，清代康熙、雍正、乾隆三代大修江浙海塘，并将其改成鱼鳞石塘。也正是这期间在鱼鳞石塘附近修筑了富丽堂皇的潮神庙，至今仍是国家重点文物保护单位。

雍正八年(1730年)三月浙江总督李卫奉敕建造海神庙，次年十一月建成这座祭祀浙海之神的神庙。海神庙“制度恢宏，规模壮丽”，正殿仿故宫太和殿而建，极为雄伟，系重檐歇山顶式宫殿建筑（见正文前图片）。海神庙建筑耗银10万两，因像太和殿，故有“银銮殿”之称，当地百姓又称为庙宫。海神庙初建时正殿祀主神为武肃王钱镠和吴英卫公伍子胥。

咸丰十一年（1861年），海神庙部分建筑毁于兵火，光绪十一年（1885年）又耗银4万5千两重修。现尚存庆成桥、仪门、正殿、汉白玉石坊、御碑

① 《抱朴子·外佚文》（四部备要）。

等。汉白玉的碑亭是皇宫的“专利”。用汉白玉雕刻成的一对大狮子，虎虎生威。同样是汉白玉的底座上，刻有海浪和珍禽异兽的浮雕，寓“安澜”之意。现存的海神庙已无当年建造时的规模，但布满全殿的81块龙凤图与四代清朝皇帝的钦赐匾额，足以显示其“江南紫禁城”的高贵地位。

值得注意的是，庙内成列的御碑上，正面是雍正的题词，背面是他儿子乾隆的题词。两个皇帝在同一块碑上题词，确实罕见。

（二）六和塔和占鳌塔

《咸淳临安志·捍海塘》记载了五代时梁开平四年（910年）八月，钱武肃王钱镠在候潮通江门之外用强弩射潮头，筑捍海塘的故事。北宋开宝三年（970年），当时杭州为吴越国国都，国王为镇住钱塘江潮水派僧人智元禅师建造了六和塔。六和塔位于杭州西湖之南，钱塘江畔月轮山上。现在的六和塔塔身重建于南宋。（见正文前图片）

在海宁宏伟的钱塘江海塘上耸立着占鳌塔（见正文前图片）。占鳌塔又名镇海塔，是一座楼阁式佛塔，始建于宋代，重建于明万历四十年（1612年），至今已有380多年历史。占鳌塔高40米，周围25米，平面呈六边形，外观七层，内为八层，砖身木楼，造型极为壮丽。

（三）镇水神物

传说梁开平四年（910年）吴越王钱镠（852—932），在杭州候潮通江门外筑塘，因海潮猛烈，“版筑不就”，就组织士兵射潮头，结果潮头远离岸边，“遂造竹络，积巨石，植以大木，堤岸即成”[①]。南宋偏安江南建都临安（今杭州），观潮之风极盛。其中也有祭潮神的迷信活动。《梦粱录·观潮》记载：“其日帅司备牲礼、草履、沙木板，于潮来之际，俱祭于江中。士庶多以经文，投于江内。”

在海宁鱼鳞石塘上还有镇海铁牛，始铸于清雍正八年（1730年），原有五座，乾隆五年(1740年)又铸四座，分别置于钱塘江北侧沿岸。当时有一种说法：水牛克水，以牛治水，使怒潮不再成为祸害。可惜的是后来铁牛均被毁。

① 《咸淳临安志·捍海塘》。

1986年6月为了恢复“镇海铁牛”这一景观，文物部门根据资料重新设计铸造了这对铁牛，分别置于占鳌塔东西两侧。新铸的铁牛上仍保留了铁牛铭：“唯金克木蛟龙藏，唯土制水鬼蛇降，铸犀作镇奠宁塘，安澜永庆报圣恩。”（见正文前彩图）

镇海神物和活动很多，据史料记载有：造子胥祠、海神庙、潮神庙、镇海塔、镇海楼；设海神坛，封四海为王，祭海神、潮神；置镇海铁牛；投铁符和用强弩射潮等。沿海一些地方还取了一些象征海安洪宁的吉祥名称。在钱塘江边就有海宁、宁波、镇海等县市。

四、天妃与天妃宫

海神天妃的故事曾广为流传，它产生并传播于宋代。这与当时航海发达，海难不断增加，人们慑服于强大的海洋风暴和风暴潮等灾害性自然力时，祈求神灵庇护的心理要求相符的。

传说，天妃出身于福建莆田，名叫林默。她从小习水性，识潮音，还会看星象。长大后“窥井得符”，能“化木附舟”，一次又一次救助海难中的人们。她曾经高举火把，把自家的屋舍，燃成熊熊火焰，给迷失的商船导航。她矢志不嫁，把救难扶困，当作终极的目标。公元987年9月，她在湄洲湾口救助遇难的船只时不幸捐躯，年仅28岁。她死后，仍魂系海天，每每风高浪急，樯桅摧折之际，她便会化成红衣女子，伫立云头，指引商旅舟楫，逢凶化吉。千百年来，人们为了缅怀这位勇敢善良的女性，到处立庙祭祀她。自宋徽宗宣和五年（公元1123年）直至清代，共有14个皇帝先后对她敕封了36次，使她成了万众敬仰的“天上圣母”“海上女神”。

林默“羽化升天”的同年，雍熙四年(987年)邑人立通贤灵女庙于湄洲岛。这座通贤灵女庙即今天的湄洲妈祖庙，是世界上第一座祭祀妈祖林默的庙宇，其建设年代为世界之最。建造于999年至今仍保存完好的莆田平海天后宫，是世界上第一座祭祀妈祖的分灵宫庙。湄洲妈祖庙是全世界2000多座妈祖庙（宫）的祖庙。其后建立的是平海妈祖宫（999年）、圣墩庙（1086年）、山东蓬莱阁天后宫（1122年）、长岛庙岛仙应宫（1122年）。经过千百年的

分灵传播，随着信众走出国门，妈祖也从湄洲逐渐走向世界，成为一尊跨越国界的国际性神祇。据不完全统计，目前全世界有妈祖庙（宫）2500多座。根据1987年我国台湾地区报刊统计的数字，台湾地区妈祖庙（宫）有800多座；香港、澳门地区有57座；国外有135座，分布在日本、韩国、越南、泰国、新加坡、马来西亚、印尼、印度、菲律宾、美国、法国、丹麦、巴西、阿根廷等17个国家。全世界妈祖信众约有2亿人，单我国台湾地区就有百分之七十的人信奉妈祖。宋、元、明、清以来，航海家一直把她当作保护神。他们足迹到哪里，天妃的神话就传到哪里，天妃宫也就筑到哪里。明代郑和7次下西洋，每次都到天妃宫祈祷。明代册使舰船黄屋的上层供奉圣旨，中层供奉天妃，天天祈祷。明末郑成功驱逐台湾岛上的荷兰侵略者后，台湾岛开始创建天妃庙，居民家家户户都信仰天妃。天妃又称“天后”“妈祖”，俗称“开台妈”。

国家批准的首个世界性妈祖文化社团“中华妈祖文化交流协会”，2004年在湄洲岛妈祖祖庙成立。“中华妈祖文化交流协会”的成立，标志着妈祖信仰正式被界定为妈祖文化，具有里程碑意义。湄州祖庙的“妈祖祭祀”、山东的“孔子祭祀”和陕西的“黄帝祭祀”并称为中国三大传统祭典，祖庙的“妈祖祭祀大典”被列入中国首批“非物质文化遗产”名录。

五、祈风与祈风石刻

随着海外贸易及季风航海的发展，祈求保护船舶远渡重洋，平安到达目的地的祈风活动在沿海开放港口逐渐出现。唐代广州已有祈风活动。当时大批阿拉伯商人来华经商和定居，伊斯兰教传入中国。他们在广州建筑有怀圣寺，为中国最早的清真寺。寺内有一塔，称为光塔。光塔起灯塔作用，也是祈风的地方。史载：“怀圣寺在府城内西二里，唐时番彝所创。明成化四年都御史韩雍重建。留达官指挥阿都剌等十七家居之。寺南番塔，始建于唐时，轮囷直上，凡一十六丈五尺，绝天等级，其巅标一金鸡随风南北。每岁五六月，夷人率以五鼓登其绝顶呼佛号以祈风信。”[①]宋代广州仍有祈风活动。《波罗

①道光《南海县志》卷24《古迹略二》。

外记·宋碑》记载：广州港宋代每岁春秋在黄埔以东珠江边的南海神庙，举行类似的祈风活动[①]。《萍州可谈》云："广帅以五月祈风于丰隆神。"[②]《桯史》也说："岁四五月，舶将来，群獠入于塔，出于窦，啁哳号嘑，以祈南风，亦辄有验。"[③]

宋代政治、经济中心南移，南宋更偏安江南，为开发江南经济，特别重视外商船舶来华贸易，以增加国库收入[④]。为了鼓励外商来华，每年五月及十一月左右，宋代泉州、广州地方官和市舶司官员常为回舶及去舶祈祷顺风。其中尤以泉州港为甚。

真德秀（1178－1235）曾知泉州，专门写有《祈风文》一文，介绍祈风的重要性和必要性，文中指出："所恃以足公私之用者，番舶也，番舶之至时与不时者，风也。而能使风之从律，而不愆者，神也……一岁而再祷焉。呜呼……神其大彰厥灵，俾波涛晏清。舳舻安行，顺风扬帆。一日千里，毕至而无梗焉。是则吏与民之大幸也。"[⑤]泉州港对外贸易在南宋末至元代跃居全国首位，成为东方第一大港。外国商人不仅有东亚、东南亚、南亚、西亚诸国的，甚至有的来自东非和北非。当时季风航海贸易十分发达，有所谓"北风航海南风回，远物来输商贾乐"的一片兴旺景象。[⑥]

作为这段历史的见证，是至今犹存的九日山摩崖石刻，1988年国务院公布为全国重点文物保护单位。九日山在今福建省南安县丰州镇，高80多米，有东、西、北三峰环拱。在东西两峰的摩崖上，有祈风石刻13方，记载了从北宋崇宁三年至南宋咸淳二年（1104－1266年）泉州郡守偕市舶官员为"番舶"祈风，预祝一帆风顺，满载而归的史实。祈风一年两次，即"舶司岁两祈风于通远王庙"。祭海神通远王后，则宴饮于怀古堂，并勒石记事。

---

①《波罗外记·宋碑》，转引自《泉州港与古代海外交通》，文物出版社，1982年，第66页。
②《萍州可谈》卷2。
③《桯史》卷11《番禺海獠》。
④学术界长期说法：南宋市舶收入占全部国库收入的五分之一。也有学者认为，"海外贸易收入——'舶入'在国家财政岁赋中的比率，从来不曾达到百分之三，一般只在百分之一、二间摆动"（郭正忠，《南宋海外贸易收入及其在财政岁赋中的比率》，《中华文史论丛》1982年1辑）。
⑤《祈风文》，《真文忠公集》卷50。
⑥《梅溪先生文集·诗文后集》卷20《提舶生日》。

六、海洋神话传说

与海洋有关的神话在古代十分丰富，在文学、艺术等方面都有反映。主要有：精卫填海、八仙过海、龙女牧羊、哪吒闹海、麻姑航海、徐福求仙、南海观世音等。在沿海各地渔民水手中还传播着属于本地区的民间神话传说，如塌东京（山东等）、海宁潮的由来（浙江）、八仙闹东海（浙江）、妖婆娘的风袋（南沙）、龙王三女盗神鞭（山东）、大蚌伏龙（浙江）、龙王输棋（浙江）、高辛和龙王（福建）、观音泼水淹蓬莱（浙江）、杨枝观音碑（浙江）、虾兵蟹将（浙江）、扇贝姑娘（山东）、白鲣鸟和海鸥（西沙）、东海鳌鱼变鳌山（山东）、石老人（山东）、猫鼻、鹅銮与澎湖列岛（台湾）、马祖庙的传说（山东）、姑嫂塔（福建）、洛阳桥（福建）、海夜叉（辽东半岛、山东半岛）、丹雅公主（海南）等[①]。这些民间故事以朴实的语言，感人的情节，叙述各种古老的神话传说，生动地刻画了性情古怪的海龙王、善良的救苦救难的观世音、勇敢机智的海渔郎以及龟臣鳖相、虾兵蟹将、蛇婆龙女、海螺公主、飞鱼姑娘等。

古人迷信地认为雨是龙所掌管的，所以在旱灾严重时向龙王进行求雨。中国夏季地方性热阵雨发达。古人认为到了盛夏，各条龙由大海分赴各地行云施雨，因此，出现了“夏雨隔牛背”的热阵雨现象。在太湖流域，把每年农历四月二十日称“小分龙日”，是地方性热阵雨开始多起来的时间；把五月二十日称“大分龙日”，是地方性热阵雨盛行的时期。[②]

七、神秘的飓日名

古代渔民和水手把一年中暴风频率最高的日子称为飓日或暴日。每个这样的日均有一个名称。这些风期的确定有一定科学性，因而有指导航行的作

---

①王结、周华斌，《中国海洋民间故事》，海洋出版社，1987年。

②参见《田家五行》，《避暑录话》卷上。

用。但这些飓日或暴日，许多是采用宗教迷信方面的名称。在不同航海书中又略有不同。

在《香祖笔记》卷2有：正月初四接神飓、初九玉皇飓、十三关帝飓；三月初三上帝飓、十五真人飓、二十三马祖飓；四月初八佛子飓；五月十三关帝飓；六月十二彭祖飓、十八彭婆飓；七月十五鬼飓；八月初一灶君飓、十五魁星飓；九月十九观音飓；十月初十水仙王飓；十一月二十七普庵飓；十二月二十四送神飓。

在乾隆《台湾府志》卷13《风俗·风信》中有：正月初三真人飓、初四接神飓、初九玉皇飓；二月初十张大帝飓、十九观音飓、二十五泷神朝天飓；三月初七关王飓、十八后土飓、二十八东岳飓；四月初一白龙飓、十三太保飓、十四纯阳飓、二十五龙神太白飓；五月初一南极飓、初七朱太尉飓、十六天池飓、二十九威显飓；六月初六崔将军飓、十九观音飓、二十四雷公飓、二十六二郎神飓；七月十八王母飓、二十一普庵飓；八月初五九皇飓、十七金龙飓、二十一龙神大会飓；十月初六天曹飓、二十东岳朝天飓；十一月西岳朝天飓。

与暴日一样，古代把预报台风及其风暴潮到来的长浪现象称为“天神未动，海神先动”。

第六章 天海人统一的自然观

英国的中国科学史学者李约瑟（J. Needham）曾研究指出："可以极详细地证明，中国传统哲学是一种有机论的唯物主义。历代哲学家和科学思想家的态度都可形象地说明这一点。机械论的世界观在中国思想中简直没有得到发展。"[①]有机论自然观认为，天地生人等自然界万物都有着复杂的内在联系，每一个现象都是按照一定的等级秩序而与别的现象联系着的。

有机论自然观着重研究事物的整体性和自发性，以及事物内部和事物间的协调和协同；有机论自然观不仅是本体论，也是认识论、方法论，是三者的统一。中国古代有机论自然观，近年在中国的天地生、天地生人综合研究中得到充分的重视和研究[②]。

在中国大陆农业文明深厚土壤中培育起来的中国古代有机论自然观，对传统海洋文化有着深刻的影响。中国古代海洋学中有许多成就是世界领先的，其中有不少是因为得到了有机论自然观的帮助[③]。但有机论自然观在海洋文化中并非完全是"流"，也有"源"。它不断在海洋现象和海洋实践中吸取新的营养，逐渐发展壮大。所以有机论自然观在中国海洋文化中的体现是丰富和多样的，富有海洋特色的。

有机论海洋观并不局限于海洋内部的整体性，也十分重视海洋与环境的相互作用。有机论海洋观认为海洋及其各部分均在不断运动变化中，其根本原因是元气的作用，特别是月亮对海洋水体的作用。而运动形式是周而复始的圜道观。

中国古代海洋自然观另一特点是由于地平大地观影响，形成的海平观。所以中国海洋自然观可总结称之为海平、圜道、元气自然论的有机海洋观。

---

①李约瑟，《中国科学传统的贫困与成就》，《科学与哲学》，1982年第1期。

②宋正海，《中国古代有机论自然观的现代科学价值的发现——从莱布尼茨、白晋到李约瑟》，《自然科学史研究》，1987年第3期；宋正海编，《中国古代有机论自然观与当代天地生综合研究》论文集，中国科学技术出版社，1989年；宋正海、孙关龙主编，《中国传统文化与现代科学技术》，浙江教育出版社，1999年。

③宋正海，《有机论自然观与海洋学成就》，《中国海洋报》，1991年10月9日。

一、海洋元气论与月亮文化观

中国传统文化认为，元气是大千世界的本原，这种元气结合便生成万物。《周易》强调阴阳学说。八卦中，乾、坤两卦是最重要的，乾是阳性的象征，坤是阴性的象征，宇宙中各种事物都具有阴、阳两种性质。阴、阳两种对立的性能就是宇宙万物形成和变化的根源。

古代认为，月亮是阴精，水为阴气，根据同气相求，所以在元气论基础上充分发展起月亮文化观。李约瑟指出："中国古时的观测家们从来没有想到月亮不能对地上的事物起作用——把月亮和大地截然分隔开来的想法是和中国人的整个自然主义有机论的世界观相违背的。"①

海洋是最大水体，所以月亮对海洋的作用特别巨大。因此在海洋自然观中，月亮文化观充分发展。元气论和月亮文化观可以解释一些重大的海洋自然现象，突出有下面三个方面。

（一）元气自然论潮论

海洋中最壮观最奥秘的是潮汐现象。现代潮汐学已揭示，潮汐成因实际包括两个基本因素：引潮力和地球自转。对这两个因素的科学研究在中国古代就形成两大潮论：元气自然论潮论和天地结构论潮论。但由于元气论和月亮文化观的发达，元气自然论潮论在古代潮论中始终占据正统地位。

1. 元气自然论潮论的萌芽（先秦）

《周易》中的坎卦有"习坎有孚"这段经文。其象曰："习坎，重险也。水流而不盈，行险而不失其信。"②《周易》还进一步解释："坎为水……为月……"③《易纬乾坤凿度》等书明确指出潮汐往来，行险而不失其信。根据

①李约瑟，《中国科学技术史》第4卷，科学出版社，1975年，第287页。

②《周易正义·坎》。

③《周易正义·说卦》。

这类记载，中国古潮汐史料整理研究组认为可以把“习坎有孚”这段经文翻译成：“坎是象征水这一种物质的。水经常地连续不断地穿过险阻，按时往来，永远遵守着一定的时刻，没有差错过。”“实际上，这里所描述的便是潮汐现象。”①

中国古代很早用朔望月，中国广大海区是典型半日（严格讲是“半太阴日”）潮区，这也使潮汐与月亮的关系显得更清楚。战国末期的《黄帝内经·灵枢·岁露》已经清楚地提到这种关系，指出“月满则海水西盛”“月郭空则海水东盛”。

2. 元气自然论潮论的建立（秦汉、三国）

西汉枚乘《七发》用“望”这个形容月相的字来说明潮汐与月亮之间的某种关系。

元气自然论潮论提出较早，而王充是元气自然论潮论正式提出者。

王充，东汉时哲学家，著有《论衡》。王充是元气自然论者，认为万物是由于客观存在的“气”的运动而产生的。各种自然现象均是“气”变化的结果。他认为水者地之血脉，随气进退形成潮汐。《论衡·书虚篇》：“夫天地之有百川也，犹人之有血脉也，血脉流行，泛扬动静，自有节度。百川亦然，其潮汐往来，犹人之呼吸气出入也。天地之性，上古有之，经曰：‘江、汉朝宗于海。’”接着王充根据同气相求原理，发展了《周易》中的月和水同属阴的思想，提出“涛之起也，随月盛衰”的结论，第一次明确把潮汐成因和月球运动联系起来，可称之为元气自然论潮论。此潮论发展形成主流。此后，各家论说可能有出入，但均是从海水与月亮相互关系去探索的，并用同气相求原理来解释。

东汉时“子胥圭恨，驱水为涛”的迷信潮汐成因说仍在民间流行，为此王充系统批驳了这一迷信传说。李约瑟对王充的这段批驳有很高的评价：“王充在根据潮汐与月亮的关系，对世代相传的冤魂为厉说给以致命的一击之前，已围绕着它从不同的角度伺隙予以打击了。”②

①中国古潮汐史料整理研究组，《中国古代潮汐论著选译》，科学出版社，1980年，第5页。
②李约瑟，《中国科学技术史》第4卷，科学出版社，1975年，第772页。

三国时吴国严畯曾写过《潮水论》。这是现在所知最早的一篇潮论，可惜早已散佚，仅在《三国志·严畯传》中保留一个篇名。

3. 元气论潮论的鼎盛时期（唐宋）

晋代杨泉为西晋初的哲学家，著有《物理论》，阐述了王充的潮汐理论。《物理论》提出："月，水之精。潮有大小，月有盈亏。"杨泉的潮论文字留下不多，但观点是清楚的。

唐、宋是中国古代潮论发展的鼎盛时期。唐代窦叔蒙著有《海涛志》[①]（亦名《海峤志》），约成文于770年[②]，是现存最早的中国潮汐学专论。

窦叔蒙继承发扬王充的潮月同步原理，指出"潮汐作涛，必符于月"，"月与海相推，海与月相期"，二者关系"若烟自火，若影附形"。因此，潮汐盛衰有一定客观规律，既"不可强而致也"，也"不可抑而已也"。他概括了一朔望月中潮月同步情况，"盈于朔望，消于朏魄，虚于上下弦，息于朓朒，轮回辐次"。在同步原理基础上，他直接用中国古代发达的天文历算精确计算了潮时，从而在潮时和周期方面做出了多方面贡献：制订了理论潮汐表《窦叔蒙涛时图》[③]；阐述了一回归年内，阴历二月、八月出现大潮问题，实际上阐述了分点潮；发现正规半日潮区隐含的三个周期，即一太阴日内有两次高潮、两次低潮（"一晦一明，再潮再汐"）；一朔望月内，有两次大潮、两次小潮（"一朔一望，载盈载虚"）；一回归年内有两次大潮期、两次小潮期（"一春一秋，再涨再缩"）。

唐代封演《说潮》对潮汐成因有较好的阐述："月，阴精也。水，阴气也。潜相感致，体于盈缩也。"[④]这里的月和海水潜相感致，似有万有引力的原始概念。

北宋张君房是元气自然论潮论者。他在《潮说》篇中指出："合朔则敌体，敌体则气交，气交则阳生，阳生则阴盛，阴盛则朔日之潮大也……相望则光偶，光偶则致感，致感则阴融，阴融则海溢。"他用阴阳学说，并用"气

---

①《海涛志》全文保存于清俞思谦《海潮辑说》中，《全唐文》卷440保留有《海涛志》第一章。

②李约瑟认为《海涛志》成文于公元770年（《中国科学技术史》第4卷，第775页）。

③徐瑜《唐代潮汐学家窦叔蒙及其〈海涛志〉》，《历史研究》，1978年6期。

④封演，《说潮》，《全唐文》卷440。

交”和“致感”学说来解释日月“敌体”（朔）和“光偶”（望）两个位置时潮汐最大，并进而解释一个朔望月中何以产生两次大潮。

北宋燕肃在《海潮论》中，提出了“月者，太阴之精，水乃精类，故潮依之于月也”的结论，并且提出潮汐“盈于朔望”，再一次强调潮月的对应关系。

北宋余靖（1000－1064）说“尝东至海门，南至武山，旦夕候潮之进退，弦望视潮之消息”[①]，进一步证实潮汐与月亮运动的关系，指出“月临卯酉，则水涨乎东西；月临子午，则潮平乎南北。彼竭此盈，往来不绝”。根据这些记载，可以画出“余靖潮汐成因示意图”（见图6－1）。有学者认为，余靖这个潮汐涨水方位不断旋转变动的描述，“实际上就是近代的潮汐椭球”。[②]

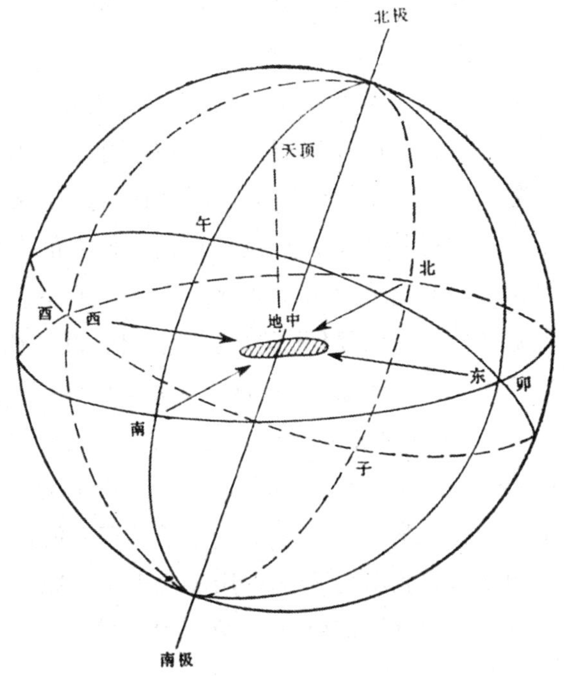

图6－1 余靖潮汐成因示意图

①余靖，《海潮图序》，《中国古代潮汐论著选译》，科学出版社，1980年。

②《中国古代潮汐论著选译》，科学出版社，1980年，前言。

北宋哲学家邵雍（1011－1077）也主张元气自然论潮论，认为潮汐形成是地之呼吸。邵雍《皇极经世书》：“海潮者，地之喘息也。所以应月者，从其类也……海潮，气之行地，出入于水土，与人喘息同，即谓地之喘息可也。所以应月之晦、朔、弦、望而消长，则以地之太柔，从天之太阴类也。是故月丽卯酉，潮应东西，月丽子午，潮应南北。天地一气，观潮见类矣。”

北宋沈括（1031－1095）在潮论上也有贡献。他应用潮月同步，“候之万万无差”的道理来强调月亮是潮汐形成的主要原因。

南宋朱中有著有《潮颐》一书。他在批判天地构造论潮论基础上，强调了元气自然论潮论。“欲知潮之为物，必先识天地之间有元气、有阴阳。元气有太极也，絪缊二间，希微而不可见。阴与阳，则生乎元气者也……夫水，天地之血也。元气有升降。气之升降，血亦随之，故一日之间潮汛再至，一月之间为大汛者亦再，一岁之间为大汛者二十四。元气一岁间升降为节气者亦二十四，潮二十四汛随之，此不易之理也。”

围绕着月亮文化观的争鸣长达千年。唐代卢肇是反对潮汐月亮成因说的。在《海潮赋》中他反驳道：“月之以海同物也。物之同，能相激乎？”[①]于是提出日激水成潮的理论。此理论引进太阳的成潮作用虽是个进步，但由于完全排斥月亮的成潮作用，所以是错误的，似没有得到任何人的支持。由于他轻视潮候观察，竟推论出“日月合朔之际，则潮殆微绝”的错误结论，因而受到后世坚持月亮成因说的潮汐学家们不断的严厉的批评。北宋燕肃在他的《海潮论》中并不附会卢肇的日激水理论，再一次强调月亮的作用，指出：“潮依之于月也。”[②]不仅如此，燕肃和张君房继续用计算月亮运动的天文历算法来计算潮汐周期，并且列有精确的公式[③]。余靖(1000－1064)以自己的候潮实践成果来批评卢肇理论。他在《海潮图序》说：“予尝东至海门，南至武山，旦夕候潮之进退，弦望视潮之消息。乃知卢氏之说出于胸臆，所谓盖有不知而作者也。”[④]沈括也强调月亮的成潮作用，在《梦溪笔谈》中批评说：“卢肇

①《海潮赋》，《中国古代潮汐论著选译》。
②燕肃《海潮论》，《西溪丛语》卷上引。
③参见《中国古代海洋学史》，第219～221页。
④《海潮图序》，《中国古代潮汐论著选译》。

论海潮，以得日出没激而成，此极无理。”[①]南宋朱中有在其《潮颐》中也批评说：“（卢）肇未尝识潮……不知朔与望均大至也。”[②]元末明初史伯璇在其《管窥外编》中坚持月亮成潮理论，并强调同气相感应是自然的。他指出：“潮为阴物，乃阴气之成形者；月为阴精，乃阴气之成象者，同一阴物，固宜有相应之理矣。”他还进一步批评说：“肇盖北方人，但闻海之有潮，而不知潮之为候，遽欲立言，其差皆不足辨。”[③]

4. 元气论潮论停滞时期（明清）

明清时期，中国古代潮汐成因理论进入停滞时期。两大潮论中，不管是元气自然论潮论中的月亮对海水的引潮作用，还是天地结构论潮论中的以天地结构模型来探讨潮汐成因的方法，均与近代潮汐成因理论有某种相似之处。但是，由于时代的局限性，近代潮汐成因理论没有在中国产生。元气自然论潮论有着巨大的内涵性和模糊性，先进的月亮对海水引潮力的思想长期停留思辨的同气相求阶段，越来越无所作为。

元末明初史伯璇是元气自然论者，主张同气相交说。

明代王佐（？－1511）的《潮候论》，陈天资的《潮汐考》，都只是介绍各家潮论而已。

清初周亮工（1612－1672）在《因树屋书影》卷9的潮论仍是古老的元气自然论潮论，还引进了五行说。

1687年牛顿发表《自然哲学的数学原理》一书，建立了近代力学体系。书中用万有引力定律阐述了潮汐的成因，计算了引潮力，建立了近代潮汐学理论体系。

与西方建立近代潮汐理论形成鲜明的对照，中国清代潮汐理论仍建立在越来越没有科学探索精神的自然哲学基础上。

清代屈大均（1630－1696）与牛顿是同时代人，是元气自然论潮论者。他在《广东新语》卷1中说：“月者水之精，潮者月之气，精之所至，气亦至焉。此则水之常节也。盖水与月同一坎体，故以月为节者，在在有常；而以日

① 《梦溪笔谈·补笔谈》卷2。
② 《潮颐》，《中国古代潮汐论著选译》。
③ 《管窥外编》卷上，《中国古代潮汐论著选译》。

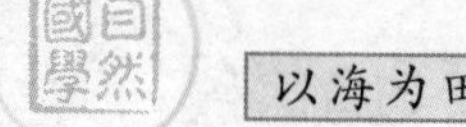

为节者，在在有变也。”

清代周春（1729－1815）的《海潮说》主要是论述钱塘江涌潮，因此对古代数十家潮论只能笼统地赞扬。《海潮说》卷上：“古今言潮者无虑数十家，其论往来大小之理，精且详矣。第念我辈生长海滨，必当按切形势，求与古人相证合。”[①]

清代李调元（1734－1802）也是个元气自然论潮论者，他在《南越笔记》卷3中说：“潮为天地呼吸之气所运，而适与月相应。”

清代周煌（？－1784）是元气自然论潮论者，他在《琉球国志略》卷5中说：“综是数说，应月之论为最。与邵康节《经世书》所云，‘海潮者，月之喘息’相吻合。臣窃睹阴（燧）水精，皆可映月而取明水，于八月之望夜尤速且多，可验应月说，为不诬矣。”[②]

清代俞思谦是潮汐学家和潮汐学史家。1781年（乾隆四十六年）他收集了历代潮汐理论，辑成了《海潮辑说》一书，对各家潮论还有所评述，这是中国古代的一本潮汐学史著作。古代一些潮论因此书而被保存下来。同年，翟均廉的《海塘录》中，也较系统地收集了历代潮论。

（二）天地结构论潮论也不能彻底抛弃气的概念

天地结构论潮论是用浑天论宇宙结构来解释潮汐成因。此潮论产生较元气自然论潮论要晚。浑天说代表作《张衡浑仪注》曰：“混天如鸡子。天体圆如弹丸，地如鸡中黄，孤居于内，天大而地小。天表里有水，天之包地，犹壳之裹黄。天地各乘气而立，载水而浮。”[③]既然大地浮于水，天又包着它们，因此建立在浑天说上的潮汐论，在解释潮汐的周期性时，自然容易认为涌上大地的潮水是某种外力冲击海水而引起的。至于是什么外力，东晋葛洪、唐代卢肇、五代邱光庭认识均不同，但邱光庭潮论竟引入元气自然论潮论，也用了（元）气这一概念。

邱光庭是天地结构论潮论者，但并没有彻底抛弃气概念，认为浮于海中的大地，由于内部“气”的出入而上下运动，潮汐则是伴随着大地上下而形成

①周春《海潮说》（《丛书集成初编》1334）。

②《琉球国志略》，《中国古代潮汐论著选译》，科学出版社，1980年。

③《开元占经·天体浑宗》。

的海水相对运动。他在《海潮论》中说：《易经》《尚书》“具不言水能盈缩，则知海之潮汐不由于水，盖由于地也。地之所处，于大海之中，随气出入而上下。气出则地下，气入则地上。地下则沧海之水入于江河，地上则江河之水归于沧海。入于江湖谓之潮，归于沧海谓之汐。此潮之大略也”。

（三）撑天、浮地、托海的“刚气”

唐代的天地结构论潮论者卢肇的“日激水潮论”暴露出浑天论的一个很大的理论困境，即炽热的太阳何以能在海中东升西落，在海中游荡，这是与水火不相容的常识相悖的。同样，月亮、五星、众星均不可能在海中东升西落。为此邱光庭在《海潮论》中改进了浑天论，说：“气之外有天，天周于气，气周于水，水周于地”，“周天之气皆刚，非独地上之气也。夫日月星辰，无物维持而不落者，乘刚气故也……日月星辰虽从海下而回，莫与水相涉，以斯知海下有气必矣”[①]。邱光庭在潮论中导入“刚气”的概念是不明确的，但一时解了天地结构论潮论的困境。

（四）月亮阴气是海洋生物生长发育的动因

海洋是阴，那么在海洋中生长发育的海洋生物，特别是生长于海底、活动性差、照不到阳光的蚌蛤之属自然属阴，所以海洋生物的生长、发育是与月亮有关系的。先秦时《吕氏春秋·精通》较早指出：“月也者，群阴之本也。月望，则蚌蛤实，群阴盈；月晦，则蚌蛤虚，群阴亏。”《左思赋》说：“蚌蛤珠胎与月亏全。”[②]蚌蛤壳内肉质充实饱满，这是生殖腺的增大，生殖时期的到来，对此，“现代科学研究证明，古代人的观察和记载是完全正确的。”[③]

古代还记载月晦时螺类肉变得干瘦。如汉代《淮南子》说：“月死而蠃蠬膲。”[④]《论衡·顺鼓篇》也说：“月毁于天，螺蚄舀缺。”[⑤]

明代进而出现月亮对所有水族，特别是龟类有明显影响的观点。《物理

①邱光庭，《海潮论》，《海潮辑说》卷上（《丛书集成初编》1334）。

②《左思赋》，《太平御览》卷942《蛤》。

③《中国古代生物学史》，科学出版社，1989年，第121页。

④《淮南子·天文训》（《四库全书》）。

⑤《论衡·顺鼓篇》。

小识》称："水族之物皆望盈晦缩，故月虚而鱼脑减，月满而蚌壳实也。"①还指出："龟与月同盛衰。"②

清代有把月亮对蚌类生长有作用的理论用到产珍珠蚌的养殖中。《广东新语》卷15："养珠者以大蚌浸水盆中，而以蚌质车作圆珠，俟大蚌口开而投之，频易清水，乘夜置月中，大蚌采玩月华，数月即成真珠，是为养珠。"

上述的"水族之物，皆望盈晦缩"的生物周期是朔望月周期，但以下海滩生物的生物钟周期则是半太阴日周期。

海滩是个特殊的生态环境。这里因周期性的潮汐运动，而有着激剧的变化。上潮时成为水的世界，退潮后露出海面成为陆的世界，这对海滩动物是个严峻的考验。这里的海洋生物有着明显的生态习性，如应潮、倚望、作丸、跳跃、穿孔、蛎房开合等。这些明显的生物钟现象，其周期与潮汐同步，而最根本的是与月亮运动同步。古人强调，海滩生物的生物钟现象是月亮作用的结果。这在古人的心目中早已存在是无疑的。不仅海滩生物，而且古书中大量记载有所谓"潮鸡"，每当潮来时即啼，显然也是与月亮有关。

中国古代还较多记载被剥下的干海牛皮在潮汐到来时，皮上的毛在气的作用下，能竖起来。这种发生在死的海洋生物的皮上的现象，似不能再说生物钟现象，但古人居然有较多记载，我们就不能简单从现代科技常识出发，确认其为荒诞而不予重视，不去进行观测和研究。古人对这种现象的重视和记载自然属月亮文化的内容。

二、海洋圜道

天有日、月、五星轮转；地有春生、夏长、秋收、冬藏四时韵律；社会有朝代更替；人有生老病死。对大量的周而复始的自然和社会现象的观察和深思，必然发展形成圜道观。"圜道即循环之道。圜道观认为宇宙和万物永恒地循着周而复始的环周运动，一切自然现象和社会人事的发生、发展、消亡，都

① 《物理小识》卷2（《四库全书》）。
② 《物理小识》卷11（《四库全书》）。

在环周运动中进行。圜道观是中国传统文化最根本的观念之一。”①

中国古代之所以重视周期研究，圜道观念发达，是与中国传统文化中两方面的结合有关：一是万物在不断发展变化中。众经之首的《周易》专门研究变化的学问；另一方面又是平衡的思想。两者结合自然产生出不断循环，以解决总体的动态平衡。

中国传统思维方式中的循环思想是很古老的思维方式，《周易》最早阐述了循环论。《易经》中64卦的设置就是对宇宙和万物的运动范式。《吕氏春秋·圜道篇》将《周易》中阐述的循环论概括为圜道观并对天体的运动、天气的寒来暑往、水体的消长、生物的收藏、社会政令运作等循环往复作了全面系统的阐述。此后圜道观成为影响深远的传统思维方式。

圜道观形成整体观念和方法，着重从功能动态上来观察世界，从而对自然界许多周期的变化作出细致的观察和记录。圜道观在中国传统海洋文化中特别发展，并集中表现在对多种海洋自然现象周期有着较多的观察、记载和论述。

（一）半太阴日周期

半太阴日周期是月亮在观察所在地上、下中天间作圆周运动的周期。这是由于地球自转和月亮公转合成的周期现象。它直接反映在海洋潮汐上，所以又称潮汐周期。

我国极大部分海区是半（太阴）日潮区，所以沿海地区人们对此周期有深刻的认识。东汉王充明确提出了“涛之起也，随月盛衰”的潮－月同步原理。这导致唐代窦叔蒙及其后多位唐宋潮汐学家引进中国当时先进的天文历算方法，通过计算月球在上、下中天间的运动周期精确计算了潮汐周期，并制订了天文潮汐表。于是中国古代在理论方面，已精确地掌握了潮汐的半太阴日周期。值得强调的是，中国古代不仅崇尚月亮文化的元气自然论潮论，熟悉和尊重半太阴日周期，而且崇尚浑天论的天地结构论潮论，也熟悉并尊重半太阴日周期的。

至于潮候的经验或实测方面，对半太阴日周期的了解就更广泛或者说更

①刘长林，《中国系统思维》，中国社会科学出版社，1990年，第14页。

早。由于潮汐作用，海滩潮间带形成了以半太阴日为周期的水陆交替生态环境，发育起形形色色的以半太阴日为周期的海滩生物群落。在沿海地区，自原始渔猎时代就有赶海活动，至今不衰，沿海人们对潮间带环境及其生物生态的半太阴日的周期变化是司空见惯的。

古籍还较多记载海岛上有一种能应潮的鸡，也有半太阴日周期。《临海水土异物志》、晋代孙绰《望海赋》、南北朝梁时萧绎《梁元帝集·泛芜湖》等古籍均有记载。这种应潮的鸡在海中岛上，每潮水将至辄群鸣相应若家鸡之向晨也。这种应潮的鸡古代称“潮鸡”“伺潮鸡”“报潮鸡”等。

中国古代还有记载已不是活体的鱼兽之皮也有半太阴日周期。每天阴及潮来，则毛皆起。

（二）太阳日周期

地球自转引起的太阳东升西落，形成太阳日周期。日出而作，日落而息，这是人们基本生活周期，也是人们从事海洋活动的周期。

对于日月星辰的这种在天上的太阳日周期运动，古代宇宙论早有解释。东汉张衡创立浑天说。其后，浑天说在中国古代长期占据统治地位。浑天论在中国古代海洋文化中也长期占统治地位。浑天论首先用于解释世界海洋论。东晋葛洪、唐代卢肇开创了天地结构论潮论，用浑天说解释潮汐成因。卢肇十分推崇浑天论用于潮论中的权威地位。他在《海潮赋》中说：“浑天之法著，阴阳之运不差；阴阳之运不差，万物之理皆得；万物之理皆得，其海潮之出入，欲不尽著，将安适乎！”[①]尽管卢肇的潮汐理论有错误，但他强调是太阳而不是月亮的成潮作用，并在《海潮赋》中指出的“日出，则潮激于右”，“日入，则晚潮激于左”，则是描述“太阳日周期”，更确切说是“太阴日周期”。

（三）太阴日周期

太阴日周期在中国古代海洋文化中也引起注意，如对北部湾全日潮的认识和记载。北宋燕肃专门研究过合浦郡的潮候，是了解太阴日周期的。南宋周

①卢肇，《海潮赋》，《中国古代潮汐论著选译》，科学出版社，1980年。

去非在《岭外代答》中则明确指出：钦州、廉州“日止一潮”。

（四）朔望月周期

朔望月周期是海洋文化中的最重要周期，在古代这主要反映在潮汐时辰推移和大小变化的朔望月周期。唐代窦叔蒙《海涛志》指出：“一朔一望，载盈载虚。”①可见已发现一朔望月内有两次大潮两次小潮。

但月亮对海洋生物生长、发育产生影响的朔望月周期方面，中国古代也早有认识、记载和解释。《吕氏春秋·精通》《左思赋》等古籍均有论述。《物理小识》卷2更有“水族之物，皆望盈晦缩”的结论。

（五）回归年周期

回归年周期是太阳直射在南北回归线间摆动的周期。由于中国大部分地处中纬度，又是季风区，四季分明，形成春生、夏长、秋收、冬藏的四时韵律变化。这一周期在以海为田的中国传统海洋文化中也是十分明显的。

许多海洋生物有回游性，因而有鱼汛期，这是重要的海洋物候现象。如果说陆地物候的发展是农业的需要所推动，那么海洋物候的发展则是渔业的需要所推动。长期的渔业实践，不仅发现了许多海洋动物的回游性，而且也充分地利用此回游性形成的汛期集中捕捞，达到水产丰收。不同海洋动物回游时间不同，如《兴化府志》记载：“龟产于海，种类不一，各应时而至。”②明代胡世安《异鱼图赞闰集·鳁鱼》记载：鳁鱼“五六月间多结阵而来，多者一网可售数百金。”《本草纲目》卷44记载：石首鱼“每岁四月来自海洋，绵亘数里，其声如雷。”古代渔民还掌握某些海产的回游路线，从而进行有效捕捞。清代郭柏苍《海错百一录》卷1：乌鱼“冬至前后盛出，由鹿仔港始。次及安平大港，后至琅峤海跤，放子于石罅，仍引子归原港。”古代还记载鲸鱼的回游性。宋代李石（1108－？）《续博物志》卷2记载：“鲸鱼……常以五月六月就岸生子，七月八月导从其子还大海中。”

古代不仅掌握海洋水产的回归年周期，而且还掌握了河豚等水产的生理、

---

①窦叔蒙，《海涛志》，《海潮辑说》。

②弘治《兴化府志·货殖志》。

生化变化的回归年周期。南宋时胡仔《苕溪渔隐丛语》卷31："今浙人食河豚于上元前，江阴最先得。方出时，一尾值千钱，然不多得……二月后，日益多，一尾才百钱耳。柳絮时人已不得食，谓鱼斑子。"清代屈大均《广东新语》卷23记载："凡河豚以三月从咸海入者可食，以冬十一二月从淡江出者不可食。"明代屠本畯《闽中海错疏》卷上记载：鲟"冬深脂膏满腹，至春渐瘦无味"。

古代对回归年周期的认识不局限于海洋生物，还充分表现在对诸如海洋气象等的认识上。中国沿海地区和近海，一年有着不同风信。因而古代有着丰富的风信知识①。古代早已形成季风概念，并充分发展季风航海②。还为了航海中避免遇到风暴，又确定了一回归年中的风期，如《顺风相送》中的"逐月恶风法"；《东西洋考》卷9中的"逐月定日恶风"。还明确了一年中风暴频数大的飓日（或暴日），如《香祖笔记》卷2和乾隆《台湾府志》卷13《风俗·风信》中的飓日表。③

海市出现的回归年周期现象也早有记载。《香祖笔记》卷8记载，登州海市通常发生于"春夏之交"或说"见于四五月"，而广州海市则"见以正月上旬三日"。

（六）60年周期

"60年一甲子"是中国传统文化中十分重要的周期。自然界是否存在60年周期的研究在近年有大的发展。如高建国、陈玉琼的《天象、气象和地象中的六十年左右周期现象》（《第三次全国天文地球动力学文集》，1982年）；"天地生人学术讲座"第19讲："自然界存在着60年（准）周期吗？——古老的甲子纪年是否有更深的内涵"（1991年11月22日，北京）。古代也常有记载，如有关风暴潮的周期，清代丁虞在《甲寅海溢记》中曾说："闻父老言，洪潮之灾六十年一大劫，三十年一小劫。"④

---

①李广申，《我国古代候风方法和关于风信的知识》，《新乡师范学院、河南化工学院联合学报》，创刊号（1960年）。

②真海松，《舶趠风·北风航海南风回》，《大众日报》，2013年6月1日（5）。

③参见《清代台湾海峡飓日表》，载《中国古代海洋学史》，海洋出版社，1989年，第162页。

④《甲寅海溢记》，载民国《台州府志》卷136。

其实，圜道观的表现是十分广泛的，还可以举出很多种类的例子。

三、水气海陆大循环

百川归海是先秦时人们已形成的一个基本认识；而海平面始终稳定并没有增加也是早在先秦时形成的一个基本认识。屈原（约前340—约前278）在其《天问》中就提出："东流不溢，孰知其故？"[①]面对这些现象，人们很自然想到百川归海后，海洋之水必有损失的途径，古人将猜想的海水外流的地方用"尾闾""沃焦""归虚""落际"来命名。

同时古人也看到天上不断下雨，其水分必有来源。在平衡观的影响下，人们就把海洋损水和天上降水这两件有关水的运动和动态平衡现象联系起来解释，早在先秦就提出了水分的海陆循环理论。为了完善这个理论，又引入了"天气""地气"概念和相互作用机制。《管子·庶地篇》提出："天气下，地气上，万物交通。"《范子计然》提出："天气下，地气上，阴阳交通，万物成矣。"[②]《吕氏春秋·圜道》进而明确提出了水分海陆循环的机制："水泉东流，日夜不休。上不竭，下不满，小为大，重为轻，圜道也。"

宋代王逵《蠡海集·地理类》对水分海陆循环机制作了较详细的阐述："气因卑而就高，水从高而趋下。水出于高原，气之化也。水归于川泽，气之钟也。以是可见夫阴阳原始反终之，义焉。盖气之始，自极卑劣而至于极高，充塞乎六虚，莫不因卑而就高也。水之始，自极高至于极卑，泛滥乎四海，莫不从高而趋下也。"

明代郎瑛《七修类稿》卷1也有较明确的阐述："气自卑而升上。水出于山，气之化也。水自高而趋下，入于大海，水归本也，盖水、气一也。气为水之本，水为气之化，气钟而水息矣，水流而气消矣。盈天地间万物，由气以形成，由水以需养。一化一归，一息一消，天地之道耳。"

---

①屈原，《天问》，《楚辞集注》卷3。
②《范子计然》，《太平御览》卷10引。

明末清初游艺《天经或问·地》进一步用类似热力学原理来阐述海陆循环："日为火主，照及下土，以吸动地上之热气。热气炎上，而水土之气随之，是水受阳嘘，渐近冷际，则飘扬飞腾，结而成云……冷湿之气，在云中旋转，相荡相薄，则旋为浅白螺髻，势将变化而万雨生焉。雨既成质，必复于地，譬如蒸水，因热上升，腾腾作气云之象也。上及于盖，盖是冷际，就化为水，便复下坠，云之行雨，即此类也。"

四、沧海桑田

中国传统文化中，变易的观念根深蒂固，在对海陆关系的认识上突出表现在"沧海桑田"概念上。

海陆可变迁、高下可易位的地表形态可变思想在中国源远流长。古代有"精卫填海"的神话故事。《山海经·北次三经》记载：上古时炎帝有个女儿，名叫女娃。"女娃游于东海，溺而不返"。她被溺后化作神鸟，"名曰精卫"。精卫为着东海不再溺人，"常衔西山之木石，以堙于东海"。这个饶有趣味的神话故事表明，早在上古时已经有了要填东海成陆的幻想，标志着海陆变迁思想的萌芽。

《淮南子》也以神话故事形式记载了海陆变迁的思想。《淮南子·天文训》说："天柱折，地维绝，天倾西北，故日月星辰移焉；地不满东南，故水潦尘埃归焉。"这里猜想了大地发生过西北高而倾向东南的大规模的地壳变动，并且指出这种变动又导致河水搬运泥沙流向东南海洋沉积。此外，"地不满东南"指东南原有陆地下沉到海平面之下，而后又"水潦尘埃"归积到这里，暗示这里又会成陆地。因此，它隐含着宝贵的海陆变迁思想。此后，我国更以"沧海桑田"这一生动词汇来表达海陆变迁，充分反映了人类可以促成海陆变化的美好愿望。

关于自然力形成的海陆变迁很早有认识，《周易·谦卦·彖辞》有"地道变盈而流谦"的说法，深刻地指出山与河、高与下可以转化的地表变化规律。《诗经·小雅·十月之交》："烨烨震电，不宁不令；百川沸腾，山冢崒崩；高岸为谷，深谷为陵"的话，记录了公元前776年（周幽王六年）一次由于大暴雨（也有学者认为是地震）引起的山崩、山洪暴发的地表激烈变化现象。

汉代徐岳《数术记遗》也提到沧海变“桑田”一事，记载：“未知刹那之赊促，安知麻姑之桑田？不辨积微之为量，讵晓百亿于大千？”[①]意思是不知道瞬间有多长的人，怎么会懂得麻姑所说沧海变成桑田经历时间之长呢？这表明，当时已熟知麻姑有关海陆变迁的神话传说，并指出，大范围的海陆变迁要经历漫长岁月才能显现出来。这种假借神仙麻姑之口，述说对这种漫长的海陆变迁的认识。在晋代有了更详细的记载，东晋葛洪（281－341）《神仙传》明确提出“沧海桑田”这一术语，讲述了麻姑与王方平（远）的对话，其中讲到“东海已三为桑田”的传说。《神仙传》一书中说道：“麻姑谓王方平曰：‘自接待以来，见东海三为桑田。向到蓬莱，水又浅于往者，会时略半也。岂将复为陵陆乎？’方平笑曰：‘圣人皆言，海中复扬尘也。’”这个神话故事表达的中心意思就是，东海这个地方过去曾经发生过海陆变迁，现在东海正在变浅，将来又会变为尘土飞扬的陆地。这里所称的东海，是泛指我国东部海域。从春秋时期以后到晋代，我们的祖先在东部沿海的活动远比以前活跃，他们对黄河和长江三角洲向海洋伸展和近海沙洲的出现以及它们的变化，比以前有了更多的认识。所以，反映在这个神话中的海陆变迁思想，内容也比以前多了，表述了海陆变迁的反复性。

在唐代，“沧海桑田”思想已深入人心。如唐史学家刘知幾（661－721）《史通·书志篇》提到“海田可变”。唐诗人储光羲（约707－约762）《献八舅东归》诗提到“沧海成桑田”。诗人李贺（790－816）《古悠悠行》提到“海沙变成石”。诗人李程的《赠毛仙翁》诗也说：“他日更来人世看，又应东海变桑田。”白居易（772－846）通过对海滨情况的实际观察，写了一首表达沧海桑田思想的《海潮赋》：“白浪茫茫与海连，平沙浩浩四无边；朝来暮去淘不住，遂令东海变桑田。”这寥寥几句，反映了他对沧海变桑田过程的认识。

宋代苏轼也谈到沧海桑田的周期，他在《三老语》中说：“尝有三老人相遇，或问之年。一人曰：‘吾年不可记，但忆少年时与盘古有旧’。一人曰：‘海水变桑田时，吾辄下一筹，尔来吾筹已满十间屋’。”[②]李约瑟说：

---

①《数术记遗》（《槐庐丛书》）。

②《东坡之林》卷2。

“明代的曾应祥、黄汝亨、熊人霖和清代的谢兆中等人的文章……都表达了关于地质学上这种水陆互变的观点。”①

唐代江西抚州南城县山上发现有螺蚌壳化石，因而人们更相信《神仙传》中所记的东海三为桑田之说。大历六年（771年），书法家颜真卿（708-784）任抚州刺史时特地撰写了《抚州南城县麻姑山仙坛记》一文，说道：“南城县有麻姑山，顶有古坛……东北有石祟观，高石中犹有螺蚌壳，或以为桑田所变。”②用沧海桑田解释山上岩层中为什么有水生的螺蚌壳，又以螺蚌壳出现在高山上反证海陆可以变迁的事实。

宋代沈括《梦溪笔谈》卷24：“予奉使河北，遵太行而北，山崖之间，往往衔螺蚌壳及石子如鸟卵者，横亘石壁如带。此乃昔之海滨，今东距海已近千里。所谓大陆者，皆浊泥所湮耳。尧殛鲧于羽山，旧说在东海中，今乃在平陆。凡大河、漳水、滹沱、涿水、桑干之类，悉是浊流。今关、陕以西，水平地中，不减百尺，其泥岁东流，皆为大陆之上，此理必然。”沈括首先根据高山石壁中存在螺蚌壳以及海滨常见的磨圆度好的卵石，来论证高山原为古代的滨海，并提出华北平原皆为泥沙沉积而成。他又利用黄河及华北平原的几条大河泥沙量极高，黄土高原水土流失特别严重等事实，进一步推论华北平原是沉积平原。《梦溪笔谈》卷24还谈到浙江雁荡山的成因，从而又强调了侵蚀作用。总之，沈括正是用自然界客观存在的侵蚀、搬运和沉积作用来说明沧海桑田所以存在的道理。尽管沈括只谈到地质变化的外营力，未涉及内营力，但此理论在当时世界上已是十分先进的了。为此，英国李约瑟对此有高度评价：“沈括早在11世纪就已经充分认识到詹姆斯·郝屯在1802年所叙述并成为现代地质学基础的一些概念了。”③郝屯（J. Hutton，1726－1797）是近代英国地质学家，他最早提出地质均变论和将今论古法。

南宋朱熹（1130－1200）《朱子全书》卷49对沧海桑田也有论述，还指出：“尝见高山有螺蚌壳，或生石中。此石即旧日之土，螺蚌即水中之物。下者却变而为高，柔者却变而为刚。”由此可见朱熹在化石成因和岩层固结上的论述，显然比沈括明确，从而更好地阐述沧海桑田成因的机制。为此李约瑟又

①李约瑟，《中国科学技术史》第5卷，科学出版社，1976年，第273页。
②《抚州南城县麻姑山仙坛记》，载《颜鲁公文集》卷13。
③李约瑟，《中国科学技术史》第5卷，科学出版社，1975年，283页。

评述："正如葛利普（A.W.Grabau，1970－1946）所指出，这段话在地质学上的主要意义在于朱熹当时就已经认识到，自从生物的甲壳被埋入海底软泥当中的那一天以来，海底已经逐渐升起而变为高山了。但是直到三个世纪以后，亦即一直到达·芬奇的时代，欧洲人还仍然认为，在亚平宁山脉发现甲壳的事实是说明海洋曾一度达到这个水平线。"[①]

"沧海桑田"在人文国学中逐渐成为成语，比喻世事变迁很大。如清代程元升《幼学故事琼林地舆》："沧海桑田，谓世事之多变；河清海晏，兆天下之升平。"

五、海洋整体观

中国传统文化特色是整体论，这在海洋自然观中也是普遍存在的。主要表现在以下几方面：

（一）对海洋中各种相关性现象的观察和记载

中国古籍中有关自然界相关性现象的记载很多。新近已对有关史料进行系统的整理并按类型汇编成《中国古代自然灾异相关性年表总汇》[②]。其中涉及海洋的有：《风潮》413条；《地震－海啸》18条；《干旱－潮枯》11条；《水族应潮应月》15条。内容简介如下：

1. 风潮

古代最能反映风暴潮与风暴因果关系的认识是"风潮"一词。"风潮"成为中国古代风暴潮的专有名词。此专有名词的形成和推广有一历史过程。谢灵运(385－433)的《入彭蠡湖口作》诗有"客游倦水宿，风潮难具论"的诗句[③]。这里虽有"风潮"，但风、潮似未合成一词。宋代潮灾史料也有用"风

①李约瑟，《中国科学技术史》第5卷，266－268页。

②宋正海、高建国、孙关龙、张秉伦，《中国古代自然灾异相关性年表总汇》，安徽教育出版社2002年。

③《入彭蠡湖口作》，《昭明文选》卷26。

潮”的，但似乎只指风暴，因为在“风潮”之后，紧接着又讲到“海溢”，如《昆新两县志》：“元丰四年，大风潮，海水溢。”[①]元代，“风潮”已成为专用名词，《璜泾志略》云：“大德五年七月，风潮漂荡民庐，死者八九。”[②]元末明初《田家五行·论风》载：“夏秋之交，大风及有海沙云起，俗呼谓之‘风潮’，古人名曰‘飓风’。”这里的风潮并非只指大风，还包括大风引起的大海扰动，即海沙云起，同时还明显地指夏秋之交盛行的台风所引起的风暴潮。到了明代，“风潮”这一作为风暴潮的专有名词已广泛使用。如康熙《靖江县志》卷5《祲祥》和光绪《靖江县志》卷8《祲祥》共记载明代潮灾约40次，其中绝大部分用“风潮”一词。如“风潮，湮没民居”“大雨，风潮淹没田庐”“大风潮，人民淹死”等。“清代，风潮的名称用得更多”。[③]

关于风和潮的关系，《广东新语》卷1有着明确总结：“风之起，潮辄乘之，谚曰：‘潮长风起，潮平风上，风与潮生，潮与风死。”

2. 地震—海啸

公元前47年（汉初元二年），山东“一年中，地再动，北海水溢流，杀人民”（《前汉书·元帝纪》）；1324年（元泰定元年），浙江“秋八月，地震，海溢，四邑乡村居民漂荡”（民国《平阳县志》卷13）；1867年（清同治六年），台湾，“冬十一月，地大震。二十三日鸡笼头……沿海山倾地裂，海水暴涨，屋宇倾坏，溺数百人”（同治《淡水厅志》卷14）。

3. 干旱—潮枯

1547年（明嘉靖二十六年），浙江“自夏至冬，浙江潮汐不至，水源干涸，中流可泳而渡”（光绪《杭州府志》卷84）；1888年（清光绪十四年），江苏“夏，大旱，咸潮倒灌”（光绪《盐城县志》卷17）。

4. 水族应潮应月

公元前235年（秦始皇十二年），“月也者，群阴之本也。月望，则蚌蛤

---

①道光《昆新两县志》卷39《祥异》，转引自《中国历代灾害性海潮史料》，第32页。

②抄本《璜泾志略》下册《灾祥》，转引自《中国历代灾害性海潮史料》，第56页。

③《中国古代海洋学史》，第299页。

实，群阴盈；月晦，则蚌蛤虚，群阴亏”（《吕氏春秋·精通》）。

本节所提海洋中各种相关性现象，只是指造成灾异的相关性，其实在海洋相关现象中更常见因而习以为常的则是潮—月同步原理现象。

（二）海洋风暴和潮灾的综合预报

海洋占候是航海安全十分重要的环节。古代没有天气预报网，水手和渔民本身都是勤奋而高明的气象观测预报员。他们“浮家泛宅。弱冠之年即扬历洪波巨浸中。故其于云气氛祲，礁脉沙线，凡所谓仰观、俯察之道，时时地地研究，不遗余力”。[①]

殷商甲骨卜辞中，有关风雨、阴晴、霾雪、虹霞等天气状况的字相当多，故《甲骨文合集》中“气象”设有专类。在周代的《诗经》《师旷占》《杂占》等书中有不少占候（天气预报）的谚语和方法。战国秦汉时，占候著作已较多，《汉书·艺文志》提到有关海洋占候的《海中日月慧虹杂占》有18卷之多。晋沈怀远《南越志》：“熙安间多飓风。飓者，其四方之风也，一曰惧风，言怖惧也，常以六七月兴。未至时，三日鸡犬为之不鸣，大者或至七日，小者一二日，外国以为黑风。”[②]这一记载说明，在晋时已知台风为旋转风，并有明显的前兆。这些前兆均有预报作用。

唐宋以来，中国远洋航海事业有了大的发展。为了祈求船舶在海上趋避风暴，宋代出现了航海保护神——天妃的神话传说，并且流传越来越广，影响越来越大，在这之后，海洋占候也开始从一般的占候中独立出来。南宋时海洋占候已有相当高水平。《梦粱录》卷12载：“舟师观海洋中日出日入，则知阴阳；验云气则知风色顺逆，毫发无差。远见浪花，则知风自彼来；见巨涛拍岸，则知次日当起南风。见电光，则云夏风对闪；如此之类，略无少差。”明代海洋占候已有多种，并汇编成册。明导航手册《海道经》将收集的海洋占候谚语，分成占天门、占云门、占日月门、占虹门、占雾门、占电门等。郑和航海可能使用过、以后流传中又可能有所补充的导航手册《顺风相送》，其收集的占候谚语分编于“逐月恶风法”“论四季电歌”“四方电候歌”“定风用针

① 《舟师绳墨·跋》。
② 《南越志》，《太平御览》卷9引。

法”等条目中。明导航手册《东西洋考》则将谚语编入“占验”和“逐月定日恶风”两部分中；清导航手册《指南正法》则将谚语编入“观电法”“逐月恶风”“定针风云法”“许真君传授神龙行水时候”“定逐月风汛”等条目中。

对海洋风暴预报的方法很多。其中重要方法是利用海洋的宏观异常前兆现象，即所谓“天神未动，海神先动”。这方面记载较多，如《梦粱录》称：“见巨涛拍岸，则知此日当起南风。”[①]《田家五行·论风》称：“夏秋之交，大风先，有海沙云起，俗呼谓之风潮。”《天文占验·占海》称：“满海荒浪，雨骤风狂”“海泛沙尘，大飓难禁”。《东西洋考》《海道经》中均有“海泛沙尘，大飓难禁”的记载。《舟师绳墨·舵工事宜》称：“天神未动，海神先动。或水有臭味，或水起黑沫，或无风偶发移浪，礁头作响，皆是做风的预兆。”《台海纪略》载述“凡遇风雨将作，海必先吼如雷，昼夜不息，旬日乃平”[②]。“海神先动”还包括海洋生物异常。《本草纲目》卷44：“文鳐鱼……有翅与尾齐，群飞海上，海人候之，当有大风。”戚继光《风涛歌》曰：“海猪乱起，风不可也”“虾笼得鲊，必主风水”[③]。《东西洋考》《海道经》均有“蝼蛄放洋，大飓难当”；“乌鲟弄波，大飓难当”“白虾弄波，风起便知”等记载。《测海录》称：“飓风将起，海水忽变为腥秽气，或浮泡沫，或水族戏于波面，是为海沸，行舟宜慎，泊舟尤宜防。”《采硫日记》卷上：“海中鳞介诸物，游翔水面，亦风兆也。”古代还认为海鸟乱飞也是台风征兆，可用于预报。《风涛歌》称：“海燕成群，风雨即至。”《顺风相送》也称：“禽鸟翻飞，鸢飞冲天，具主大风。”[④]《墨余录》卷3则详细记载了风暴前兆情况：“岁辛酉八月十九日夜间，满城闻啼鸟声，其音甚细，似近向远，闻者毛发皆竖，在乡间亦然……余以频海之鸟，恒宿沙际，值海风骤起，水涨拍岸，鸟翔空无所栖止。故哀鸣如是。此疾风暴之征也。当于日内见之。翌日，频海果大风雨，二日始止。”《东西洋考》《海道经》的“占海篇”均介绍海洋生物的台风前兆现象。使人更感兴趣的是，古人认为，不仅海洋生物，而且船中的其他生物也有台风前兆现象，如《唐国史补》卷下：“舟人言

① 《梦粱录》卷12《江海船舰》。

② 《台湾纪略·天时》。

③ 《风涛歌》，同治《福建通志》卷87《风信潮汐》引。

④ 《顺风相送·逐月恶风法》。

鼠亦有灵，舟中群鼠散走，旬日必有覆溺之患。”

古代还记载利用风暴潮的生物前兆进行中长期预报。《甲寅海溢记》记述：“考郡志灾变门，康熙戊子二月初十日，白巨鱼至中口（此处有一字，古书上字迹不清，固用方框表示）桥，占者谓有小灾。是年七月初七日海溢，今甲寅前三四月间，乌巨鱼至澄江，十百为群，大者如牛，迎潮掀舞，月余乃去，识者忧之，至秋果验。”[①]

（三）自然灾害群发期和自然灾害平衡链

自然界各要素有着复杂的内在联系。当某一要素发生大的异常成灾时，就不同程度影响其他要素的异常乃至成灾。引发成灾的现象，时空尺度小的形成“祸不单行”现象，时空尺度大的就形成“灾害群发期”。如引发的其他要素异常反过来有平衡减灾作用，则出现“平衡链现象”。

1. 自然灾害群发期的发现

自然灾异群发期，是指自然灾害异常的发生，其强度在漫长的自然史中并非均匀的，有着活跃期与平静期的相互交替，自然灾异，特别是大的灾异明显集中于少数几个时期。任何一种自然灾害或自然异常均有群发期，但这只是单现象的群发期（多发期）。科学家对单现象的群发期早有广泛研究，有的已较清楚。但包括多种自然灾害和异常的综合自然灾异群发期的发现就困难得多。中国传统有机论自然观为这种发现和研究提供了先进的指导思想。中国古代丰富多样的自然灾异记录则为这种发现和研究提供了扎实的资料基础。中国的历史灾害学、历史自然学家在这方面做出了杰出贡献，相关成果已收入《中国古代自然灾异群发期》。[②]

20世纪60年代初，王嘉荫注意到多种自然灾异现象在16世纪和17世纪有着明显的峰值现象。之后，以张衡学社为主，应用中国古代自然灾异史料从事天地生相关研究和综合研究的科学家，在中国古代综合自然灾异群发期的研究方面做出了重要贡献，发现了多种群发期，主要有夏禹洪水期、两汉宇宙期、明清宇宙期三种。

---

①《甲寅海溢记》，民国《台州府志》卷136。

②宋正海、高建国、孙关龙、张秉伦，《中国古代自然灾异群发期》，安徽教育出版社，2002年。

根据古代史料，在这些主要群发期中，有着不少风暴潮等海洋灾害和异常现象。

2. 自然灾害平衡链的发现

如果说自然灾害群发期反映了自然综合体各要素间的相关性，那么，"自然灾异平衡链"则反映了自然综合体的某种稳定性。这种稳定性，使得某一要素有突变形成灾害时，它影响所致形成的其他要素异常，会反作用于前要素，从而在一定程度上起到减灾作用。

自然灾害平衡链是在自然灾害群发期研究中在1994年发现的[①]。这种灾异平衡链现象值得人们在减灾救急中充分利用，从而化大灾为中灾、小灾，乃至在灾年夺得丰收。中国古代的自然灾害平衡链现象可归纳为害虫天敌、救灾食品、灾年丰产等三种。自然灾害平衡链史料主要来自陆地，海洋方面不多。这里只介绍有关灾年丰产的历史记录。

风暴潮灾时，当海水冲坍塘进入农田，有时反而获得丰收。如：1835年（清道光十五年）六月十八日，江苏川沙"海潮涨溢，冲刷钦塘、獾洞二处，水涌过塘，塘西禾棉借以灌溉，岁稔"（光绪《川沙厅志》）。这次潮灾中，江苏松江也同样获得丰收。1835年"六月十八日，海潮涨过塘西，禾苗借以灌溉，岁稔"（光绪《松江府志》卷39）。在中国古代河口地区往往发展潮灌、潮田。川沙、松江所在的长江河口地区，潮灌、潮田更是发达，因而他们掌握感潮河段的淡水、咸水进退的时空规律。所以在风暴潮灾时，当地人能这样做并获得淡水是有一定经验的。

六、世界海洋论

在古希腊，有关世界的构成有大陆论和海洋论两种。大陆论认为世界以陆地为主，这可以托勒密的世界地图为代表；海洋论则认为世界以海洋为主，

①郭廷彬、李天瑞、张九辰、孙书斋、宋正海，《自然灾害平衡链及其在减灾中的意义》，《历史自然学的理论与实践》，学苑出版社，1994年。

陆地被广大海洋所围绕，这可以赫卡泰的世界地图和埃拉托色尼的世界地图为代表。

中国古代也有这样两种理论，盖天说主张世界以陆地为主，广袤的陆地与天穹相接。这种世界陆地论曾引发天圆与地方之间的争论。孔子的徒弟曾参（前505－前436）指出圆的天穹无法盖住方的大地的四个角。盖天说主张世界陆地论显示了中国大陆文化的特点。而浑天说则主张世界以海洋为主，陆地只是大洋中的大陆岛而已。这充分显示出中国海洋文化的特点。

（一）百川归海

早在先秦，水流千里必归大海已是很清楚的。《诗经·小雅·沔水》："沔彼流水，朝宗于海。"《禹贡》："江汉朝宗于海。"到汉代已形成百川归海的成语。正是陆地的水经百川归海日夜不停，海洋才成为最大水体。反过来，也正因为海最大最低，才引发陆上百川归海。所以在古代海洋就得到了"巨海""大壑""巨壑""百谷王""无底""天池"等称呼。

（二）大瀛海

在百川归海的基础上，古人对海洋的深和大已有深刻认识，很自然得出世界海洋论的思想。

庄周（约前369－前286）一方面在《庄子·秋水》中说中国十分小，"计中国之在海内，不似稊米之在太仓乎"？另一方面又在《南华真经·外篇·刻意》中强调海洋之巨大，"夫千里之远，不足以举其大。千仞之高，不足以极其深。禹之时，十年九潦，而水弗为加益。汤之时，八年七旱而崖不为加损。夫不以顷久推移，不以多少进退者，此亦东海之大乐也"。

战国邹衍（前305－前240）则提出大九州说，认为"以为儒者所谓中国者，于天下乃八十一分居其一分耳。中国名曰'赤县神州'，赤县神州内自有九州，禹之序九州是也。不得为州数。中国外，如赤县神州者九，乃所谓九州也。于是裨海环之，人民禽兽莫能相通者，如一区中者，乃为一州。如此者九，乃有大瀛海环其外，天地之际焉"。[1]

---

①《史记·孟子荀卿列传》。

（三）浮天载地

中国古代影响深远的世界海洋论是在邹衍大九州说基础上形成的浮天载地的浑天论。《张衡浑仪注》："浑天如鸡子，天体圆如弹丸，地如鸡中黄孤居于内。"又说："天地各乘气而立，载水而浮。"这已明确指出这些陆地实无根而是浮于海上的。东汉时《玄中记》说："天下之多者水也，浮天载地。"[①]更明确浮天载地的思想。

关于巨大的陆地所以能浮在海洋水面上，古代提出海水（卤）较重，故大量海水能浮起大陆的原理，如唐代卢肇《海潮赋》解释："载物者以积卤负其大……华夷虽广，卤承之而不知其然也。"

既然陆地浮于海，天又包着它们，因此在浑天说基础上发展起天地构造论潮论，认为潮汐所以有周期性，是因为某种力量使海水周期性冲击陆地。

海洋论的代表浑天说和大陆论的代表盖天说，曾长期共同发展，但自唐代一行和南宫说的天文大地测量后，"浑天说完全取代了盖天说，一直到哥白尼学说传入我国以前，成了我国关于宇宙结构的权威学说"[②]。天地构造论潮论也得以迅速崛起。

七、地平大地观

地平大地观是中国古代传统地球观[③]。一般讲海洋文化是容易产生球形大地观的。古希腊较早由地平大地观进入球形大地观。其中一个重要证据是在海

①《玄中记》，《水经注·原序》引。

②《中国天文学史》，科学出版社，1981年，第164页。

③关于中国传统地球观是球形大地观还是地平大地观，历来分歧很大。80年代前，学术界基本倾向是球形观。80年代以来学术界基本倾向则是地平大地观，但目前并不能说这一问题已彻底解决。有关地平观的看法有一批论文和一本专著从不同角度进行了论证。主要论文有：唐如川的《张衡等浑天家的天圆地平说》，《科学史集刊》1962年第4期；宋正海、陈传康的《郑和航海为什么没有导致"地理大发现"？》，《自然辩证法通讯》，1983年1期；金祖孟的《试述"张衡地圆说"》，《自然辩证法通讯》，1985年5期；宋正海的《中国古代传统地球观是地平大地观》，《自然科学史研究》1986年1期；王立兴的《浑天说的地形观》，《中国天文学史文集》第4集，科学出版社，1986年；郭永芳的《西方地圆说在中国》，《中国天文学史文集》第4集；李志超、华同旭的《论中国古代的大地形状概念》，《自然辩证法研究》，1986年第2期。专著是金祖孟所著《中国古宇宙论》，华东师范大学出版社，1991年。

岸上观看船舶进港时，最先见到船的桅杆，然后是船身；出港时，最先消失的是船身，最后是桅杆。这种现象在中国沿海也是司空见惯的。但是，由于传统地平观的深刻影响，所以从未见有记载。中国古代也没有用此作为证据来推论海面是曲面而不是平面。

在齐鲁、燕昭的海洋文化的基础上，战国末邹衍创立大九州说，这是一种非正统的海洋地球观，中国从“地中”（世界中心）位置移到一个普通的位置上[①]。但在大地形状问题上并未有本质变化，不仅没有改变地平观还明确坚持海平观。邹衍大九州说认为世界大洋是平的，大地只是浮在平的大洋上的81个州。中国所在的赤县神州，只是其中之一，所以自然谈不到有球形大地观。中国传统海洋文化中不仅地平而且海平，没有球形海洋观是其明显的特点。

在海洋文化中涉及地球形状问题的重要领域是远洋航行和潮汐理论。

远洋航行迫切需要发展天文导航，建立天文导航体系。但中国基本是地文导航，用的导航图仍是对景图，根据近海的河口海岸地貌或海底泥。而海洋球形观就可能有环球性的航线设计。但至目前为止尚没有迹象证明中国古代航线分析中，有东行可以西达，西行可以东达的讨论。也没有迹象证明中国古代很长时期里有过对蹠地的讨论。只有近代西方地圆说传入中国后，才引起这种争论。

潮汐运动是月亮、太阳等引潮力和地球自转合成的结果。由于强调方面的不同，中国古代潮论中发展起元气自然论潮论和天地结构论潮论，两大学派持续斗争，经久不息[②]。天地结构论潮论是以天地结构的浑天论为基础，所以能较明确地反映其大地形状理论。这一学派的主要代表是东晋葛洪、唐代卢肇、五代邱光庭等。但古代的天地结构论潮论均是以地平、海平作基础[③]，尚未见到有球形观之说。

①郭永芳、宋正海，《大九州说——中国古代一种非正统的海洋开放型地球观》，《大自然探索》，1994年2期。

②参见《中国古代潮论源流表》，《中国古代海洋学史》，海洋出版社1989年，第269页。

③宋正海，《中国古代传统地球观是地平大地观》，《自然科学史研究》，1986年第1期。

第七章 非商业性的远航

中国古代有着发达的航海，这已为大量古籍所记载，也为不少考古文物所证实，更得到中外交通史[①]和中国航海史研究的证实[②]。中国古代的远洋航行的规模和成就，并不亚于古代的埃及人、腓尼基人、希腊人、罗马人、意大利人、阿拉伯人、北欧人，应列入世界古代航海强国之列。

中国东、南临太平洋，有着漫长的海岸线和星罗棋布的岛屿，自北向南的渤海、黄海、东海和南海排列纵跨温带、亚热带和热带，海洋资源不仅丰富而且种类俱全。历代沿海人民以海为田，发展起近海航行，大陆与海岛、沿海农业区之间有着发达的联系。靠山吃山靠水吃水是民族生存和发展途径，中国沿海人民大力开发海洋资源是必然的。资源开发和商品交流中，近海航行是不可或缺的。

近海航行一般路线短、环境熟悉，风险不大，所以对船舶的抗风浪能力要求不高。近海环境有近河口海岸地带，有根据山形水势的地文导航即可。所以航海技术中外也是大同小异，没有本质差异。中国古代推行重农抑商国策，所以中外航海本质差异突出表现在远洋航行上。本书主要论证中国海洋文化与西方不同方面，所以不再对近海航行进行介绍，而集中谈中西远洋航行的本质差异。

在谈中西远洋航行的本质差异之前，先重申作者1992年提出至今仍坚持的观点。我在《中西远洋航行的比较研究》中明确指出："中国古代有着发达的海洋文化是毫无疑义的。中国也确有发达的远洋航行，这也是海洋文化发达的一个有力证明。但发达的远航虽可以作为西方海洋文化传统的基本标志，却不宜作为中国海洋文化传统的基本标志。中国的基本标志应为'以海为田'和民间的近海航行。我们认为中西传统海洋文化内涵有着质的不同，如果把西方传统海洋文化称为海洋商业文化，则可把中国传统海洋文化称为海洋农业文化。中西海洋文化的这种根本差别，也明显地反映在中西远洋航行之中。"

---

①张星烺，《中西交通史料汇编》1—6编，中华书局，1977年。

②孙光圻，《中国古代航海史》；章巽，《中国航海科技史》，海洋出版社，1991年；《陆上与海上丝绸之路》，人民画报出版公司，1989年。

长期以来，国际学术界所以对中国古代发达的海洋文化产生怀疑和否定，其原因不全是对中国古代航海成就本身的无知，而可能是对其成就的评价有不同认识。这种情况在近代中国文化和文化史学界也是存在的。德国哲学家黑格尔在《历史哲学》一书中曾指出："中国、印度、巴比伦都已经进展到了这种耕地的地位。但是占有耕地的人民既然闭关自守，并没有分享海洋所赋予的文明，既然他们的航海——不管这种航海发展到怎样的程度——没有影响他们的文化，所以他们和世界历史其他部分的关系，完全只由于其他民族把它们找寻和研究出来。"[①]黑格尔的话否定中国古代有（像样的）海洋文化，这自然是荒谬的，但影响是很大的。黑格尔以来，学术界把古希腊和西欧国家的文化，称为海洋文化，而把中国的传统文化列为大河文化或大陆文化。

其实他们所以否认中国古代有海洋文化是另有标准的。这个标准是认为中国远距离的航海特别是国际性的远航均不是商业性（或掠夺性）的，而仍然是闭关自守的非开放性的。我们不认同黑格尔的狭隘的海洋文化定义，故1991年联名发表《试论中国古代海洋文化及其农业性》一文[②]，接着又撰写了《东方蓝色文化》一书。

黑格尔等人有关中国古代远航的非商业性特点则是不能否认的，但这绝不是中国古代没有海洋文化的证据，而只是中国海洋文化农业性的一个特点，也就是说不能把远洋航海商业性作为论证中国有无海洋文化的证据。如果只是为了论证中国古代有海洋文化，从而论证中国古代远航活动的商业性，就可能自觉不自觉人为拔高远洋航行的商业性。而且有可能：把地域性误认为全国性；朝代性误认为是整个古代；民间性乃至武装走私误认为是国家性，这不仅误入了以局部推论整体的错误，而且忽略了中国传统海洋文化的农业本质，最终又回到黑格尔的理论。

鉴于上述认识，本章谈及远航时，重点不是简单地罗列一下中国古代的航海活动，特别是规模巨大的远航活动[③]，而是深入发掘中国航海（特别是远航）的特点和深刻的文化内涵。

---

①《历史哲学》，三联书店，1956年，第146页。

②宋正海、郭廷彬、叶龙飞、刘义杰，《试论中国古代海洋文化及其农业性》，《自然科学史研究》1991年第4期。

③这方面工作主要是中国航海史的任务，已有大量成果发表，这里不再重复。

一、国内航海的杰出代表——元代漕运

不论是中国还是外国的航海，国内航海总是最基本的活动，而国内航海的发展，通常是与沿海经济区的大量经济活动和经济区之间的交往有密切关系，当然也与国内的政治活动和军事斗争有密切关系。中国古代，沿海经济区之间的海上联系十分频繁，航海十分发达。其中最重大事件，是元代的海上漕运。它不仅航线很长，使国内航海发展到最高峰，并且有着深刻的文化内涵。

先秦时，南方已有发达的吴越文化，农业得到发展。秦汉后长江三角洲和钱塘江三角洲的农业又有了新的发展，已开始建筑海塘，以抵御风暴潮对农业区的袭击。南宋偏安江南，进一步促进了江南的繁荣，使之成为富庶的鱼米之乡。元朝建都大都（今北京），于是北方成为全国政治中心，需要大量粮食供应，但由于北方气候干燥，加以长期战乱，水利失修，田园荒芜，是很难满足一个政治中心所需粮食供应的。元代这种政治中心与经济中心的北南脱离是推动南北漕运大发展的强大动力。元初曾一度因循前代的内河漕运，但是原有的内河漕运由于水陆辗转，耗时费工，且运量有限，已远远满足不了运量的需要，所以海上漕运就势在必行地提了出来。

通过海路向北方运输粮食并非始自元代，可追溯到秦代的“输将起海上而来”[①]；秦汉以后，在海上进行的军事活动中，均运输过军粮。至元十三年（1276年）丞相伯颜（1236－1295）率领蒙古骑兵，大举南下，占领了南宋首都临安（今杭州）。他曾仿效汉萧何（?－前193）的办法[②]，首先把南宋政府库藏的图书文籍一一清点造册，并命令朱清（1236－1302）、张瑄（? －1303）等人装上船，从崇明由海道运到直沽（今属天津），再转运大都。这次海运图书文籍成功，为伯颜向元世祖忽必烈（1215－1294）建议海运漕粮，提供了充足的论据。1282年元世祖采纳海运漕粮的建议，任命朱清、张瑄等人为海道运粮“万户”，进行大规模海上漕运。从此“京师内外官府，大小吏

① 《贾子新书·属远篇》。

② 《汉书·萧何传》：“沛公至咸阳……何独先入，收秦丞相御史律令图书藏之。”

士，至于细民，无不仰给于此”[①]。海上漕运成为元朝政府的重要经济命脉。尽管后来元代也有大运河的开凿和漕运，但仍有人认为“元朝几乎与北洋漕运共存亡”[②]。

漕运船队规模相当庞大。《海运记》卷下记载：延祐元年（1314年），“浙江平江路刘家港开洋一千六百五十三只，浙东庆元路烈港开洋一百四十七只”；天顺元年（1328年），“用船总计一千八百只”。运粮数量也十分巨大，据至元二十年至天历二年（1283－1329年）47年资料统计，年平均起运量为1817398石，年平均到达量为1772021石[③]。

漕运海船的船型，基本是遮洋船与钻风船[④]。遮洋船是一种方头、方艄、平底、多桅的沙船型海船。钻风船则是一种小型平底浅船。这两类船适于在多暗礁浅滩的海域航行，也有利于出入江河。初期海船较小，载重约800石，后进入深水航行，载重大大增加。《海道经》记载：延祐年间（1314－1320年）所“造海船，大者八九千粮，小者二千余石”。

漕运虽是官方的大型航海活动，但船、水手基本上来自民间。漕运的船队组成，主要征租民船与官督私运。每年制订出漕运额后，即招来各地民间船户承运。为了组织大规模漕运，元朝建立了相应的机构，《元史·百官七》记载：“海道运粮万户府”“掌每岁海道运粮供给大都”并设“万户”“千户”“百户”等官，进行组织监督。船队建立严格的编制，规定每编船30只为一纲，每纲配有两名押运官。漕运的人员均是长年航行于此海域的水手，甚至官员也出生于这一海区水手的家庭。“万户”朱清为江苏崇明人，张瑄为江苏嘉定人，他们长期亡命于海上，组织武装船队，或贩私盐，或劫巨富。“万户”方国珍（1319－1374）是浙江黄岩人，世以贩盐浮海为业。至正八年（1348年）在浙东起义率众数千人入海，打劫漕运粮船。张士诚（1321－1367）为江苏泰州人，盐贩出身，至正十三年（1353年）在泰州起义，自称“诚王”，后改称“吴王”。方、张二人都拥有庞大的水师，控制着东南沿海，使元朝漕运受到严重威胁。后朝廷用高官厚禄收买二人，使之成为漕运的重要官吏。

---

①《元史·食货志·海运》。
②孙光圻，《中国古代航海史》，海洋出版社，1989年，第374页。
③孙光圻，《中国古代航海史》，海洋出版社，1989年，第372页。
④《天工开物》“漕运”、“海舟”条。

元代漕运路线位于今黄海海区。此海区一则由于有淮河输入泥沙，与长江入海泥沙北移；二则由于历史上黄河下游南北摆动，曾一度流入黄海，带来大量泥沙；三则由于长江口以北为上升海岸，海涂广阔，近海水不深，泥沙含量很高，暗沙浅滩十分发育。黄海离岸越远则越深，泥沙含量小，水色由黄变青，由青变黑，分区是十分明显的。

中国古代随着海洋资源开发的发展和航海的频繁以及地文导航的需要，大的海区常被划分成更小一级的海区，这种小海区常被称为“洋”。宋元以来，在黄海活动的渔民水手常把黄海划分为黄水洋、青水洋、黑水洋。大致在长江口以北近岸处一带，含沙量大，水呈黄色的小海区称为“黄水洋”；东经122度附近一带海水略深，水呈绿色的小海区，称为“青水洋”；东经123度以东一带海水较深，水呈蓝色的小海区称为“黑水洋”。

元代海运路线自西向东先后开辟三条航线[①]。元代漕运路线开始在黄水洋。《三鱼堂日记》卷6记载：这里水浅沙多，“潮长则洋汤汤，茫无畔岸，潮落则沙壅土涨，深不容尺，其沙土坚硬，更甚铁石，渔船可载数千者，必远而避之”。在这里航海不能用大船，只能用装800石左右的小船；也不能用下侧如刃，可以破浪而行的大海船，必须用平底的沙船。黄水洋航线是逆水行舟。黄海洋流系统是由两支基本洋流组成的，一支是黄海暖流，它是黑潮在黄海分出的支流，由南向北流动于东经123度以东海区，并流入渤海。另一支是黄海沿岸流，位于西部近岸海区，它起自渤海，沿着鲁北沿岸东流，经渤海海峡南部直达成山角，进入黄海。在苏北沿岸时，它得到加强，并继续南下直达长江以北，北纬32～33度附近。元代漕运的第一条航线虽然已利用偏南季风，但几乎全程在黄海沿岸流中逆水行舟，加以暗沙浅滩多，航行十分艰难。《海道经》详细地记载了这种情况：漕运“自刘家港开船，出扬子江，盘转黄连沙嘴，望西北沿沙行驶，潮长行船，潮落抛泊，约半月或一月余，始至淮口，经胶州、海门、浮山、牢山、福岛等处，沿山一路，东至延真岛，望北行驶，转过成山，望西行驶，到九皋岛、刘公岛、诸高山、刘家洼、登州沙门岛。开放莱州大洋，收进界河，两个月余，才抵直沽，委实水路难，深为繁重”。走这条航线，不仅慢，而且十分危险，沉舟损粮，时有发生。从至元二十至二十八年（1283－1291年）的9年中，

①元代三条海运路线图，可参见章巽《元“海运”航路考》，《地理学报》，1957年第1期。

年平均损耗率达8%。其中至元二十三年（1286年），起运量为578520石，损耗量144615石，损耗率达24.99%。这样惊人的损失与艰难的航行，使朝廷十分焦虑，改进航路已是迫在眉睫了。至元二十九年（1292年）开辟了第二条航路。这条航路是出长江口后较早向东进入黑水洋。这样避开了黄水洋的暗沙浅滩，比原来安全得多，也部分避开了黄海沿岸流的逆水，还部分利用了黑水洋中的黄海暖流，在夏季还利用了偏南季风，航行时间大为缩短，当年的损耗率便降至3.26%。为了寻找更经济更安全的航路，在总结这第二条航路的基础上，在至元三十年（1293年），更大胆地闯入黑水洋，开辟了第三条航路。《元海运志》记载：此航路“从刘家港入海，至崇明三沙放洋，向东行，入黑水洋，取成山，转西，至刘公岛，又至登州沙门岛，于莱州大洋入界河”。这第三条航路更远离黄水洋，进一步摆脱暗沙浅滩的困扰，更大程度地避开了黄海沿岸流，最充分地利用了黄海暖流和夏季偏南风。当时漕运起程大部分在四五月，顺风顺水，航速最高可达2节（1节＝1海里/小时），从刘家港至直沽，“不过旬日而已”[①]。走这条航路，漕运年损耗率大为下降，据元三十至天历二年（1293－1329年）35年资料统计年平均损耗率已不到2%。

二、 国际航海的伟大壮举——郑和七下西洋

中国的国际航海有着悠久的历史，大规模的国际航海活动在秦汉时期已经开始。在北方海域有秦始皇、汉武帝派遣方士去海外求长生不老药的传说。在南方海域则有使臣去海外各国，建立起去南海、印度洋沿岸各国的海上丝绸之路[②]。《汉书·地理志》第一次完整地记载了此航路：

> 自日南障塞、徐闻、合浦船行可五月，有都元国，又船行可四月，有邑卢没国，又船行可二十余日，有谌离国；步行可十余日，有夫甘都卢国，自夫甘都卢国船行可二月余，有黄支国，民俗

①《元史·食货志·海运》。

②参见《陆上与海上丝绸之路》。

略与珠崖相类。其州广大，户口多，多异物。自武帝以来皆献见。有译长，属黄门，与应募者俱入海，市明珠、壁流离、奇石异物、赍黄金杂缯而往所至，国皆禀食为耦，蛮夷贾船，转送致之。亦利交易，剽杀人。又苦逢风波溺死，不者数年来还。大珠至围二寸以下。平帝元始，王莽辅政，欲耀威德，厚遗黄支王，令遣使献生犀牛。自黄支船行可八月，到皮宗；船行可二月，到日南、象林界云。黄支之南，有已程不国，汉之译使自此还矣。

文中指的这条航线最远处是黄支国和已程不国。目前认为黄支国即今日印度东南部的康耶弗伦（Conjeeveram），已程不国为今斯里兰卡[①]。

中国的国际航行，在秦汉之后有大的发展。三国时吴国航海十分发达，也积极开拓国际航行，如公元226年吴主孙权（182－252）命令朱应、康泰出使东南亚各国，船队到达扶南（今柬埔寨）、林邑及“西南大洋洲上”[②]的诸国，与这些国家建立了友好关系。朱、康二人回国后，根据“所经及传闻，则有百数十国”的经历，分别写成《扶南传》和《外国传》。为此，孙权被近代历史学家称为“大规模航海的倡导者”[③]。无独有偶，在西方，葡萄牙亨利王子（Henrique，1394－1460）尽管他本人没有进行远航，但人们尊称他为“航海家”。但亨利王子比孙权要晚1212年。国际航行在唐代十分发达。贾耽的“广州通海夷道”[④]展示了从中国经越南东海岸，过马六甲海峡，由斯里兰卡、印度，再经卡拉奇，过霍尔木兹海峡，进入波斯湾东岸，至幼发拉底河口的阿巴丹和巴士拉，然后到达巴格达；或者，由卡拉奇沿波斯湾西出霍尔木兹海峡，经阿曼的佐法尔和也门的希赫尔，到亚丁附近。在唐、宋，中国的远洋船舶由于载重量大、稳定性能好、安全系数高、航速快，所以在国际航行中开始取得领先地位，不少外国商人都喜欢乘坐中国大船。明代郑和航海的成功，是中国远洋航海发展的结果，是中国国际航海的伟大壮举。

---

①郑鹤声等，《郑和下西洋资料汇编》上，齐鲁书社，1980年，第23页；朱杰勤，《汉代中国与东南亚和南亚海上交通路线试探》，《海交史研究》，1981年第3期。

②《梁书·海南诸国传》。

③范文澜，《中国通史简编》第二编，人民出版社，1958年，第216页。

④《广州通海夷道》，《新唐书·地理志七》。

郑和（1371或1375－1433或1435）本姓马，原籍云南昆阳州（今昆明晋宁）。祖父和父亲都是虔诚的伊斯兰教徒，都曾朝觐过圣地麦加，因而被人尊敬为“哈只”。明太祖朱元璋（1328－1398）于1381年派大军进入云南，打败了盘踞在那里的元代梁王。12岁的郑和可能就在这时被明军俘虏，带回南京后，被阉割成为太监。朱元璋又把郑和赐给当时分封在北平的四子——燕王朱棣（1360－1424）做侍童。燕王府里有书堂，选官员入内教习燕王的一些侍从。郑和天资聪慧，学习刻苦，终于积累了丰富的学识。成年后他精明能干，很有抱负，深得燕王赏识。

洪武三十一年（1398年），朱元璋去世，由于皇太子早死，故由皇太孙朱允炆（1377－1402）继承帝位，年号建文。此时镇守北平的燕王朱棣不服，第二年挥兵南下，并于建文四年（1402年）攻破首都南京，夺取其侄建文帝之位，自称明成祖，年号永乐。

在这场皇室内部的夺权战争中，郑和一直在燕王身边，建立了赫赫战功，因此受到明成祖赏识，于1404年，赐他姓郑，且升任他为太监的一个首领。

明初，由于元末腐朽的统治，与明太祖厉行海禁——《明太祖实录》卷139记载“禁濒海民私通海外诸国”，结果使得中国与海外诸国的关系大多中断，中国在国际上处于孤立地位。这对明朝建立巩固统一的封建大帝国是十分不利的。另一方面，明成祖是篡夺其侄建文帝的帝位上台的，不仅名声不佳，而且地位并不稳固。他攻陷南京后，建文帝下落不明，传说“帝由地道出亡”[①]，还传说已流亡到西洋。如真是这样，终究是祸根，故需派人出洋寻找[②]。再则，建文帝的一些亲信大臣与一些反明势力，有逃居沿海岛屿和海外诸国的，这也对永乐大业构成威胁。为了长治久安，明成祖一方面设法把京城从建文帝势力强大的南京迁到北京，另一方面派遣郑和出使西洋，对西洋诸国推行怀柔政策[③]，建立友好关系，同时分化和打击各种流亡海外的反对势力。

大规模的出使西洋是重大行动，经过再三考察，明成祖任命郑和为正

①《明史·惠帝纪》。
②《明史·胡濙传》。
③《明宣宗实录》卷67；《郑和家谱·敕谕海外诸番条》。

使，领导船队，奉圣旨出使海外各邦，还任命王景弘、侯显等人为副使；随行的还有其他著名航海家，如马欢、费信、巩珍等人[①]。又从全国各地挑选了一批通晓阿拉伯语的人员，从民间招收大批优秀水手。

郑和航海由长江刘家河（今江苏太仓浏河）出发，航向西洋各国。第一次远航是1405年7月出发，1407年10月返回南京，历时两年又三个月。先后访问了占域（今越南中部地区）、爪哇、三佛齐旧港（今苏门答腊岛东南部巨港）、暹罗（今泰国）、满剌加（今马六甲）、锡兰（今斯里兰卡）、古里（今印度科泽科德）、忽鲁谟斯（今格什姆岛以东的霍尔木兹岛）等国。通过这次航海，与所到国广泛建立了友好关系，不少国家派遣使节来中国访问。

回国以后稍作休整，当月便进行第二次远航，并于1409年8月返国。这次访问国家略同第一次，受到各国的欢迎，彼此互赠礼品。返航时，各国遣使随队来中国访问。

第三次远航是1409年10月，于1411年7月夏天返国。这次远航同时送返前两次来访的各国使节。

第四次远航于1413年10月起航，于1415年8月返航。访问地方有占城、急兰丹（今马来西亚吉兰丹）、爪哇、旧港、满剌加、苏门答腊、南浡利（苏门答腊大亚齐即哥打拉夜附近）、翠兰山（今尼科巴群岛）、锡兰山、加异勒（印度土提科林以南的丹勃勒帕尼河）、溜山（今马尔代夫）、柯枝（今印度柯钦）、古里、忽鲁谟斯等国。

第五次远航是1417年5月起航，1419年8月返回。这次航行最远，除访问了过去四次到过的地方外，还到达了阿拉伯半岛和祖法尔（今阿曼佐法尔）、阿丹（今亚丁），还访问非洲东海岸的木骨都束（今索马里的摩加迪沙）、卜剌哇（索马里的布腊瓦）、竹步（索马里的朱巴河口）、麻林（今肯尼亚的马林迪）、慢八撒（肯尼亚的蒙巴萨）等地。回国时有17个国家的使节随船来中国访问。这次带回来大量的非洲珍禽异兽，如狮子、斑马、长颈鹿、金钱豹、鸵鸟、单峰驼等。

第六次远航在1421年春，1422年9月返国。一方面送返各国使节，另一方

①他们后来对郑和航海均有专著记述，如马欢《瀛涯胜览》、费信《星槎胜览》、巩珍《西洋番国志》。

面访问了各国。船队也航行到阿拉伯半岛和东非国。

第七次远航是在10年之后。这次航行时明成祖已死，明宣宗朱瞻基即位，年号宣德，起航时间为1431年1月，1433年7月回国。这次访问了东南亚、南亚、西亚等地17个国家。一部分人还访问了非洲东部各国。这次访问时，正值古里国人去麦加朝觐。郑和船队也派七人同往。船队回国时苏门答腊等七国使节同船来到中国。1433年郑和病逝。郑和去世后，明廷又组织一次由副使王景弘领导的远航，出使苏门答腊。但这次远航并没有超出郑和航海范围，影响不大。自此以后中国轰轰烈烈的远洋航海就偃旗息鼓了。

公元1405～1431年郑和七次下西洋[①]前后历时28年。《明史·郑和传》记载郑和航海访问国家达37个，但不同古籍记载数目差异较大。现经近人考证为55个国家和地区，具体分布如下：（1）属今中南半岛（马来半岛除外）及附近岛屿为6处；（2）属今马来半岛及附近岛屿7处；（3）属今苏门答腊、爪哇及附近岛屿14处；（4）属今菲律宾、加里曼丹及附近岛屿为5处；（5）属今印度、斯里兰卡及附近岛屿为13处；（6）属今波斯湾及阿拉伯半岛者为5处；（7）属今东非为5处。[②]

在15世纪，东西方出现了两个伟大的航海事件，这就是世纪初中国的郑和下西洋和世纪末西班牙的哥伦布（Cristofo Colombo，约1451－1506）的航行美洲。但郑和航海远比哥伦布航海规模巨大，郑和航海共7次，每次平均有船200艘，人员2万余人；而哥伦布航海只有4次，每次几条船，人数仅百人。郑和第一次航海船队有208艘，人数27800人。《明史·郑和传》记载：第一次航海“造大舶修四十四丈，广十八丈者六十二”。这样的62条大宝船，每条长151.85米，宽61.56米，实在太大，以致学术界对此记载时有怀疑。1957年在宝船厂遗址中发掘出全长11.07米的大舵杆[③]。从舵杆的长度和结构分析，这样的舵杆安装的舵叶高度是6.35米，而安装这样巨型船舵的船舶长度应在160～187米[④]。这证实《明史》记载的大宝船的长度、宽度是有根据的。哥伦布第一次航海，只有3条船，人数仅90人。最大船的吨位仅100～130吨。总

①明时西洋指苏门答腊以西的西太平洋和印度洋沿岸各国。

②章巽，《纪念郑和：通过我国航海发展史的观察》，《中华文史论丛》，1985年第2辑。

③此大舵杆目前陈列于中国历史博物馆。

④《陆上与海上丝绸之路》，第234～235页。

之，哥伦布航海是十分寒酸的，而郑和航海的排场是很大的。郑和船队有着严密的编队[①]。《瀛涯胜览·纪行诗》记载：船队在太平洋、印度洋航行，去的时候，“鲸舟吼浪泛沧溟，远涉洪涛渺无极”；回的时候，“时值南风指归路，舟引巨浪若游龙”。

三、本质不同的中西远航

中西海洋文化有着本质不同，中国是农业性，西方是商业性。这在中西远洋航行中最为明显：西方远航是商业性；中国是非商业性。主要表现在远航的目的和导航技术两大方面。

（一）政治目的的远航和经济目的远航

古代远航应该推动天文导航的发展和该系统的形成，然而中国传统远航中仍以地文导航为主，为地文导航系统。这种现象在科学史、航海史上是个谜。但这个谜是有谜底的，这是因为中国古代远航虽然在世界航海史上有着重要地位，郑和航海规模巨大，但毕竟有明显的突发性，没有长期持续的动力，因此没有发展和建立起一个天文导航系统。中国远航的突发性与中国整个文化背景，海洋政策及其所导致的远航的政治目的和非民间性有关。

古希腊所在的地中海沿岸背山面海，海岸平原狭窄，再加上地中海气候水热不同季，不利于农业发展，又由于腹地很小，各国资源较贫乏。但地中海不算大，又有不少半岛伸入，岛屿星罗棋布，不少良港利于航海，沿海各国可以互通有无。所以这里很早建立起以地中海为中心的多国性经济区，商业和殖民活动兴起，国际跨海航行发达，充分发展起海洋商业文化，有着明显的开放性。他们的远航有着强烈的商业目的。

中国情况则大不相同，平原辽阔，丘陵众多，农业区连成一片，水热同季的季风气候，十分有利于一年生粮食作物生长，可以养活很多人。中国自古农业立国，一贯采取重农抑商政策，千方百计把老百姓锁在土地上，努力开发

①《郑和船队编队示意图》，《中国古代航海史》图8—2。

本国本地区的土地、水热、生物、矿产等资源。所以尽管中国东、南两面面临大海，古代有着许多远航，但基本上不是商业性的，更不会有掠夺性。以中原为中心的发达农业文化使中国封建统治者孳生起普天之下，唯我独尊的政治观念以及与此政治观念相适应的地平大地观，把中原作为大地的中心，而视周围世界为蛮荒之地。如《荀子·王制》杨倞注："海谓荒晦绝远之地，不必至海水也"；《尔雅·释地》："九夷，八狄，七戎、六蛮，谓之四海。"中国封建统治者自认为是天之骄子，对世界负有教化使命。他们认为外国商人来华贸易是仰赖天朝大国的富庶，是一种臣服和朝贡的象征，所以准许他们来华从事港口贸易，并非真要发展商业，而是推行怀柔政策，宣扬帝国国威和皇帝的沐恩天下。正因为这样，明初朝廷还不顾巨额关税损失，实行朝贡贸易。

外国商船只要向明廷朝贡，就能恩准上岸贸易。这种贸易不仅不抽关税，而且明廷对"贡品"也是付钱的，往往付出比市价高得多的钱。外商捞到好处，争相向明廷朝贡。但是这种花钱图虚名的做法给明廷带来巨大的经济负担，最后不得不对各国"朝贡"次数大加限制[①]。中国封建统治者不让老百姓出海经商，但不断派遣使臣远航，推行怀柔政策，同时也派遣方士寻找长生不老药或派遣僧侣去海外取经。海上丝绸之路的开辟与西汉使臣出使有关，也与"蛮夷贾船"的活动有关[②]。中国古代改朝换代，新皇帝大多要诏告天下，希望四海臣服，并颁发新历。名震中外的郑和下西洋，规模又如此强大，远远超过后来西欧地理大发现时代的历次远航，正是由于强大的政治动因，而并非西方远航常有的经济动因。政治目的虽可以一度成为强大的远航动因，但远不如经济动因持续稳定。每当时过境迁，原有政治目的消失，远航也就失去了强大动因。郑和航海规模如此之大却没有导致中国人完成地理大发现，这是有深刻的文化原因、社会历史原因的。

重农抑商被中国历代奉为国策后，在沿海地区也不例外。中国封建统治者严禁老百姓出海贸易，以致在明代中国资本主义萌芽时期，民间商业航海发达，但受到巨大打击，被迫演变成海洋走私活动。此时日本正值南北朝分裂时期，西南封建诸侯组织了一部分武士、浪人和商人经常在中国沿海抢劫商船、

①宋正海、陈传康，《郑和航海为什么没有导致中国人去完成地理大发现？》，《科学传统与文化》，陕西科技出版社，1983年。

②《汉书·地理志》。

杀戮居民，日本海盗与中国民间武装走私结合，形成巨大的海患，这就是倭寇之乱。为此明廷在加强海防同时，实行海禁，制定严酷法律，甚至“片板不准下海”。

（二）地文导航系统和天文导航系统

航海技术包括航线设计、航标和海图，这在中西远航中有根本差异。总的讲，西方是天文导航系统，而中国仍采用近海航行中的地文导航系统。①

古希腊早在公元前6世纪的毕达哥拉斯就提出球形大地观，后来亚里士多德进行全面论证，于是球形观占统治地位。在球形观指导下，古希腊学者编制了小比例尺世界地图，并依此为远航探测未知世界设计了新航线。迪凯亚科（Dicaearhus，约前355－前285）首次确立自直布罗陀海峡通过罗德岛，沿兴都库什山脉越过卡司匹山岭，再穿出东海西去的基本纬线。埃拉托色尼（Eratosthenēs，约前275－前194）根据这条基本纬线，首次以地图投影方法绘制了世界地图。由此他指出，如果没有这个大西洋，即可由西班牙沿此线到达印度。其后，斯特拉波（Strabo，约前63－约后20）还明确预言大西洋中有新大陆存在。诚然，在欧洲中世纪，古希腊的球形大地观被圣经所阐述的观念所取代，地平大地观占据统治地位。但是这并不是说球形大地观被完全征服，中世纪有关对蹠地是否存在的长期争论，不断驱使人们幻想并讨论以远航去寻找地球另一面的神秘大陆存在的可能性。约1413年法国戴利(Pierre d'Ailly，1350－1420)的《世界面貌》出版。此书引用了古希腊学者的论述，证明从西班牙海岸向西到印度东海岸之间的海洋比较狭窄，是一条通往印度东海岸的近的航线。1474年意大利托斯卡内利(Paolo Toscanelli，1397－1482)送给葡萄牙神父一张世界地图，还附了一封信。图和信明确地阐述了经大西洋到达“充满宝石和所有香料之地”的东方的航线。哥伦布决心向西航行以到达东方的中国、印度和日本，实际上是受到《世界面貌》一书的启发，又得到托斯卡内利的信和抄本，后来又直接受到他鼓励的结果。

①本文只是从对比科学史角度出发来进行这种命名的，只是相对的概念和提法，不应该作绝对的理解。认为西方传统远航是天文导航系统，不等于说当时没有地文导航；认为中国传统远航是地文导航系统，不等于说当时没有天文导航。

中国古代传统地球观是地平大地观[①]，所以中国古代虽有发达的远航但从未有迹象表明，航线设计有东行可以西达、西行可以东达的论述。郑和七次下西洋，也始终没有这样探索新的航线。中国古代从未有欧洲中世纪出现的对蹠地之争。尽管元至元四年（1267年）西域天文学家札马鲁丁（Jamāl al-Din）在中国造了七件阿拉伯天文仪器，其中一件是地球仪，直观地表示了大地的球形，但也没有在中国引发有无对蹠地的争论。这只能解释为，在漫长的中国古代，地平大地观占绝对统治地位或者根本没有产生有影响的球形大地观，因而无从争论。只是在近代西方利玛窦（M.Ricci，1552－1610）将地圆说传入中国并有力冲击中国传统的地平大地观时，才在中国学术界引起一些人惊恐、反抗和争论[②]，具体是杨光先（1597－1669）挑起的。他在《不得已》集中企图用证明对蹠地存在的“荒谬”性来否定地圆说。[③]

人类航海大部分近海航行，是不脱离陆标的航行，主要采用山形水势来导航，是地文导航。远洋航行则不同，常是长时间脱离陆标的大范围航行。此时较难依靠河口海岸和近海的岛屿的山形水势来导航，故发展起天文导航，以便随时从天体测量中确定船舶在茫茫大海中的位置。天文导航可以分两个层次；一种只是以测太阳、北极星的位置来确定船的航向，这种方法十分古老，但只起指南针作用，无论中西方均早已产生；另一种是利用天体来测量确定船位。这种天文导航在西方传统远航中得到了充分发展，而在中国传统远航中却是不发展的。古希腊已用经纬度测量来编制地图和确定船位。纬度测量是容易的，只要测出北极星的高度(角)就是测点所在的纬度，也可以测中午时太阳高度（角）来求得。纬度测量在西方水手中应用广泛，精度提高很快，到“17世纪，任何有经验的水手都以零点几度测出船只所在地的纬度”[④]了。经度的测量却是十分困难，绝对经度测定包括两个方面：测定两地的经度差（相对经度）和确定基本经线。相对经度的测定是十分重要的，但难度很大，西方水手和科学家为此耗费巨大的精力。在古希腊，无论是埃拉托色尼，还是喜帕恰斯（Hipparchos，

①宋正海，《中国传统地球观是地平大地观》，《自然科学史研究》，1989年，第1期。

②郭永芳，《地圆说在中国》，《中国天文史学文集》第四集，科学出版社，1986年版。

③《不得已·孽镜》。

④漆贯荣，《时间——人类对它的认识与测量》，科学出版社，1985年，第83页。

约前190－前125）或其他学者，确定相对经度唯一方法是通过观察两地同一月食所发生的时间差来求得[①]。这种方法有很大局限性，但在中古时代仍是唯一的方法。哥伦布在他的航海中不仅观察到了磁偏角[②]，而且发现不同经度的磁偏角是不同的。因此在哥伦布之后一段时间人们认为，可以用观察磁偏角的方法来确定某地经度。为此1530年最早绘制了表示磁偏角分布的粗略地图。1699～1700年，英国哈雷作了一次远洋科学考察，编制成第一幅磁偏角等值线图。但是后来人们又发现磁子午线走向及一地磁偏角并非固定不变的，所以无法用磁偏角来测定经度。1524年本内威兹(Peter Benne wity，1495－1552)提出用观察月球在恒星之间的位置来测定时间，从而推算出各地的相对经度。为精确测定月掩恒星现象，必须编制精确的星表。1627年德国开普勒编出当时最好的一本星表——《鲁道夫星表》。此表包括1005颗恒星位置。

1671年英国国王查理二世为使英国船队成为世界上最大的船队，必须更好地测定船舶经度，他命令弗拉姆斯提德（John Flamsteed, 1646－1719）负责创建了格林尼治天文台，此天文台编制成3000个恒星位置的精确星表，是望远镜时代第一个伟大星图。1753年德国迈尔编制成更精密的月行表，在海上较精确地测量出经度（误差约32.18公里），从而获得英国经度局奖赏。显然，近代天文学在西方的产生直接起因于导航。英国经度局是1707年英国皇家海军舰队因搞错经度，撞上了锡利群岛造成特大海难后于1713年建立的。翌年，此局悬赏两万英镑，奖给第一个发明航海时钟的人，要求用它计算经度时，在开往西印度群岛的航程中到达终点时误差不超过半度。1735年英国钟表匠哈里森（John Harrison，1693－1776）研制成第一台航海时钟，以后不断改进，终于在1773年获得全部奖金。至此，自哥伦布以来，经过近300年的巨大努力，人类终于基本解决海上经度测定问题。但是在中国，这段时间没有迹象有任何这种努力。中国早在约公元前1309年（商武丁旬壬申）就记载“月有食”[③]，在整个古代时期没有像古希腊和后来的欧洲那样出现利用月食测定经度的方法。

---

①保罗·佩迪什，《古代希腊人的地理学》，商务印书馆，1983年，第95、113页。

②磁偏角的发现以中国人最早，11世纪的《梦溪笔谈》卷24中已有记载。同世纪的《莹原总录》《本草衍义》以及13世纪的《三柳轩杂识》等书也有记载。

③《簠室殷契微文·天象二》。

中国古代有“里差”概念，但未发展到经度概念，更未见到用于地图绘制和导航。中国古代有测北极出地和太阳高度，近代科学史家常把此命名为纬度测量，其实不然。由于没有球形大地观念，所以也没有出现真正意义的纬度概念。唐开元十二年（724年）僧一行（683－727）和南宫说在豫西平原进行的大地测量中，虽发现了地上南北相差251.27里，北极高度相差1度的关系。可惜由于地平大地观的束缚，他没有向前再跨一小步而求出地球大小（子午圈长度）。[①]

中西传统海图也是两个不同系统。西方使用有经纬度或公元1300年前后产生的有海港航向的地图。尽管海港航向图在使用时只需罗盘，但它正确的海岸轮廓、精确的港口位置是产生于天文测量所得的经纬度。所以用这两类海图导航，从方法上讲主要是天文导航的定向逼近法。中国远航仍用近海航行中所用的对景图，如明代《筹海图编》中的有关图或《郑和航海图》等。这种对景图上所绘的航向并非实际航向[②]，所以这种图不仅没有目的港的经纬度，而且也没有目的港的基本航向，图上所绘的目的港位置和方法，也并非实际的位置。例如郑和航海自长江向东出海，然后南下穿过东海、台湾海峡到南海。然后朝西北向穿过马六甲海峡到印度洋。在印度洋到霍尔木兹海峡又基本向西航行。但是《郑和航海图》只是一个自右向左的狭长航线图。用这种海图导航，无论在开始还是在中途，均不知目的港的确切方向，而只是利用航线各处的山形水势和后来地文导航进一步发展所使用的海标（广义的陆标），如海底泥、海区指示性海洋生物以及指南针、星辰的位置来综合判别船舶在海区（而不是全球或大洋）中的具体位置。这样的导航较难穿越大洋而主要是近海航行的延长；很难开辟新航线而主要是用于传统航线。船舶航行犹如“摸石头过河”，从一港到下一港，再到下一港，如此延长，最后到达目的港。用对景图导航，从方法上讲基本是地文导航的线路逼近法。中国古代虽有牵星术[③]，但在远航中并没有充分发挥作用，其中相当一部分只起指南针作用。明初《郑和航海图》在穿越印度洋时有几幅牵星图，但至今学术界未能肯定这是中国水手

①宋正海，《僧一行的地平大地观》，《科技日报》，1986年8月13日。

②图上实际航向只是用文字表述。

③严敦杰，《牵星术——我国明代航海天文知识一瞥》，《科学史集刊》第9期(1966年)；《我国古代航海天文资料辑录》，《科技史文集》第10辑，上海科技出版社，1983年。

而不是常年航行于印度洋的当地水手（番火长）所用的。之后，明《顺风相送》、清《指南正法》等导航手册也有牵星法记载，但是这类牵星术在中国传统远航中只占极小比重。

第八章

传统海洋文化农业性的讨论

前面，本书已从经济、政治、军事、文化、风俗习惯、意识形态等方面较系统地介绍了中国古代海洋文化的各个主要方面。尽管由于篇幅所限，每个方面只能择其要者，但已明显地展示中国古代海洋文化的内容确实是相当丰富的，与西方蓝色文化在内容和形式上也确实有较大的差异的，东方蓝色文化的存在已是毫无疑义的。在上述各方面的介绍中，我们已或多或少涉及了一些总体方面的问题。现在把有关中国古代海洋文化的整体特点进行归纳总结，这对我们从宏观层次上更清楚认识中国海洋文化的传统、认识东方蓝色文化的一些基本特点是必要的。

中国传统海洋文化既古老又辉煌，有关研究在古代就已开始，在近代研究成果已不少，但主要分布于渔业、航海、造船、潮汐、海塘工程、海洋盐业、历史学等单学科中。但中国传统海洋文化作为一门综合性的学科已受到学术界的重视，应该说始于上世纪90年代的反驳黑格尔否定中国古代没有海洋文化的《试论中国古代海洋文化及其农业性》论文的发表[①]和首次系统论证中国传统海洋文化的《东方蓝色文化》一书的出版[②]。有学者认为，自“《东方蓝色文化》发表以来，引起学术界对海洋文化的关注与研究”。而后，中国的海洋文化研究机构、研讨会、刊物、文集涌现如雨后春笋。[③]

一、研究和讨论中国传统海洋文化的科学观和方法论

由于中国海洋文化研究机构和海洋文化研究成果大量涌现，进而出现了百家争鸣的形势，这是这门新兴综合学科兴旺发达的表现。

①宋正海、郭廷彬、叶龙飞、刘义杰，《试论中国古代海洋文化及其农业性》，《自然科学史研究》1991年4期。

②宋正海，《东方蓝色文化——中国海洋文化传统》，广东教育出版社，1995年。

③赵君尧，《天问·惊世——中国古代海洋文学》，海洋出版社，2009年，第10页。

传统海洋文化是个史学问题，作为史学，最重要的是强调史实，相信在严密的考证成果和坚实的考古事实面前，一切学术争论将迎刃而解。但由于一些重大历史学问题涉及广泛性、综合性和复杂性，所以单学科的考证、考古成果是难于作出明确结论的，更何况由于历史的久远，许多史料和文物保留通常是残缺不全的。所以，在百家争鸣中，我们不仅强调史实的正确性，还要强调正确的科学观和方法论。

（一）坚持文化多样性，防止科学主义偏向

人类生存发展必然要与自然界打交道，所以有人类社会就会积累起关于自然界的知识。知识的初步积累和相互联系就开始形成知识体系，这就是（自然）科学。

科学体系是指一个国家或民族在相当时期内所面对的科学问题和承担的主要任务；从事科学活动的思维习性和基本方式，集中表现在自然观、科学观、方法论以及成果的类型和知识的表述方式上。

科学体系是受自然条件、社会经济、传统文化、思维习性、科学基础等深刻影响的。随着社会的进步，科学体系也是演化的。古今中外科学发展史上，科学体系是多种多样的。“条条道路通罗马”，古今中外不同国家和民族均为人类科学大厦的建设做出过贡献。

科学体系的多样性是人类文化多样性的一个重要方面。但近300年来，西方还原论科学体系一统天下。科学主义者并以此体系作为衡量科学性的绝对标准，从而把整体论的中国的传统科学打成“不科学”“伪科学”。他们甚至把中医打成“最大伪科学”。

黑格尔以西方商业化海洋文化作为衡量世界各国有无海洋文化（文明）的绝对标准，因而否定中国古代的海洋文化(文明)。西方商业性海洋文化标准统治了世界和中国300年，直到上个世纪90年代，中国学者论证了中国传统海洋文化农业性，才翻了这一历史错案。

中国濒临世界最大洋——太平洋，有着渤海、黄海、东海、南海四大边沿海。早在先秦，北方的齐鲁、燕昭，南方的吴、越经济发达，人口众多。他们靠海、吃海、用海、思海，发展起博大精深的海洋文化。但中西传统海洋文化有着明显的不同：西方是商业性，中国是农业性，两者均是人类利用海洋生存

和发展的基本类型。由此可见，黑格尔等西方学者否定中国等东方国家古代的海洋文化、海洋文明是典型的科学主义偏向。中国古代自然也有商业性海洋文化，自然应当鼓励研究，但中国传统的海洋商业文化发展毕竟是地域性、非历史长期性、被重农抑商国策挤压下的民间性的。所以今天在讨论中国传统海洋文化基本属性时，没有必要回避博大精深的农业性，而以来源于西方传统商业性海洋文化标准来评价（实际是贬低）中国传统海洋文化。

（二）防止狭隘民族主义偏向，全面评价传统文化

中华传统文化是十分优秀的，为此我们天地生人学术讲座组织过几百次发掘和弘扬传统文化的学术活动。讲座还十分关心传统文化的现代科技价值，组织了第58次香山科学会议“中华科学传统与21世纪科技原始创新”；实施了国家社会科学基金项目（批准号：99BZS026）“中国传统文化在当代科技前沿探索中如何发挥重要作用的理论研究”；主编了《中国传统文化与现代科学技术》论文集。[①]

2006年一些人妄图在互联网上搞万人大签名，以逼迫政府把中医逐出国家医疗体系。我们讲座组织150位高级专家联名发表《不要让“伪科学”一词成为灭亡传统文化的借口——恳请将“伪科学”一词剔除出科普法》呼吁书。后来，全国掀起了关于“反伪”与“废伪”的大辩论。2007年12月29日第十届全国人民代表大会常务委员会在修订《中华人民共和国科技进步法》时明确决定拒绝“伪科学”一词；不久中国中医研究院升格为科学院。大辩论后，中医和传统文化得到更大发展。

但是我们并不认为，中华传统文化就没有缺点（或暗区）的，凡有民族自信心的学者应该全面认识传统文化并去研究其缺点。研究缺点不是为了抹黑，而是努力纠正它，以做到在当前实践中扬长避短或扬长补短，这也是一种爱国主义。我们的观点和做法是得到广大学术界理解和支持的。例如我们主编的《中国传统文化与现代科学技术》论文集中共分七大编，其中第七编为《科技传统缺陷的研究与当代科技发展》（18篇论文）。此论文集得到学术界顶层学者的大力支持，王绶琯、辛冠洁、陈述彭、李学勤、张岱年、季羡林、胡仁

①宋正海、孙关龙主编，《中国传统文化与现代科学技术》论文集，浙江教育出版社，1999年。

宇、席泽宗、贾兰坡、路甬祥、廖克、蔡美彪为此大论文集的学术顾问；卢嘉锡还题写了书名。

10年前的一件小事有必要说一说。2004年有关部门为纪念郑和航海600周年活动，决定编辑近百年的《郑和下西洋研究文献》[①]，但我提交的一篇论文没有被收录。我提交的论文是1983年我和陈传康教授联名发表的《郑和航海为什么没有导致中国人去完成地理大发现》。此文最早发表于《自然辩证法通讯》1983年1期；后被收录在《科学传统与文化》论文集[②]；1996年此文又被译成英文刊登于《波士顿科学哲学论文选》（Boston Studies in the Philosophy of Science）[③]。我真想不出，当时确定的《郑和下西洋研究文献》论文录选的标准是什么？论时间，此文发表在20世纪80年代，应当说是较早的；论文发表在中国一级刊物，又入选《波士顿科学哲学论文选》，这是世界有名的科学哲学刊物。如果说我们论文的观点有问题，又从未见有人提出异议。

重提10年前的旧事，我并不认为，《郑和下西洋研究文献》事件是学霸作风作祟，而认为主要还是本节标题要说的“防止狭隘民族主义偏向，全面评价传统文化”问题。我认为今后要发展我国的海洋文化事业，首先要尊重历史，以史为鉴。因此在弘扬优秀传统海洋文化同时，也没有必要刻意回避其中的缺陷或暗区，要克服对传统只能讲好的不能讲缺点的民族自卑心态。

（三）克服还原论局限性，树立整体观及其方法论

中国自古农业立国，努力开发本国本地区的土地、气候、水、生物、矿产等自然资源，发展农产、水利、渔业、田赋等事业，故重农抑商成为国策，显然中国古农业文明是大陆内聚型的。大陆内聚型的农业文明，十分重视农作物的生态环境，从而发展起与农作物高产关系十分密切的天时、地利、人力三者结合的三才观。农业三才观对古代中国文明产生广泛而深刻影响，上升到哲

---

①郑和下西洋600周年筹备领导小组编，《郑和下西洋研究文献——1904－2004年》，海洋出版社2004年。

②《科学传统与文化》，陕西人民出版社，1983年。

③Song Zhenghai and Chen Chuankan, Why did Zheng He's Sea Voyage Fail to Lead the Chinese to Make "Great Geographic Discovery"?, Boston Studies in the Philosophy of Science, Vol.179 (Fan Dainian and Robert S. Cohen ed., Chinese Studies in the History and Philosophy of Science and Technology, Kluwer AcademicPublishers, 1996), pp.303－314.

学便形成一种天地人统一的整体论思维习性。中国古代的科学技术史、哲学史、文化史等的研究已经深刻地揭示了中国古代认识自然、把握自身的基本思想，主要是一种与西方原子论大异其趣的有机观，它强调整体、强调联系、强调变化、强调统一，形成了涵天盖地、兼容并包的思维方法。

近代欧洲工业文明崛起，机器的广泛使用推动了力学、物理学和化学等研究简单性的科学的发展。以牛顿力学作为基础建立起庞大的分析型科学体系，较精细地研究了自然界。但这种研究方法一个明显缺点是：重视了局部而忽略了整体；重视了结构而忽略了功能；重视了线性运动而忽略了非线性运动。总的特点是长于分析而短于综合。在人与自然关系上，强调征服自然而忽视了人与自然协调。自西方近代科学传入中国，中西两种科学体系的碰撞是经常发生的。在不断的碰撞中，中国传统整体论科学体系迅速萎缩。

但是，自然界毕竟是有着复杂内在联系的自然综合体，是部分与整体的统一；线性发展与非线性发展的并存。近代还原论科学的发展，提高了社会生产力，促进了人类征服大自然的欲望和能力，同时也迅速破坏了自然界的平衡，加剧了人与自然的矛盾。第二次世界大战结束，特别是20世纪70年代以来，社会已面临全球性的资源、能源、环境、人口、气候异常、自然灾害等严重问题。这涉及人类社会能否持续发展的重大问题，也给科学界提出重大而紧迫课题。这些问题基本是极其复杂性问题。占主流的还原论科学体系因而面临巨大的困惑和挑战。这就呼唤并推动了科学复杂性、非线性研究的发展和整体论、综合方法的崛起。

传统科学史研究一向也是还原论控制的，重视学科史，忽略横向研究和整体性的思考，科学社会史、科学文化史、科学思想史基本没有发展。例如，80年代我们的《中国古代海洋学史》内容主要是：海洋地貌（学史）、海洋气象（学史）、海洋水文（学史）、海洋生物（学史）。近年来科学史综合研究虽有所重视，也发展起科学文化学，自然国学也迅速复兴，但还原论的惯性思维仍时时干扰我们的思维。在研究中，也容易产生以点推面、以局地推断全体、以断代推断几千年。例如我们在讨论中国传统海洋文化的本质是农业性还是商业性时，很可能有意无意夸大自己研究成果的全局意义，因而产生农业性、商业性之争。又例如，中国海岸有上升海岸和下降海岸两种，在长江口以北的海岸地区农业发达；而长江以南的下降海岸地区，特别在江南丘陵的局部不适合农业，交通又不便，因而被迫发展商业，甚至是民间走私。这样不同的研究也可能引发农业性和商业性之争。再例如，南宋偏安江南，为解决国库经费，鼓励商业航海，即使主要是允许外国人来华的港口贸易，也可能会让人忘了中国推行几千年的国策是重农抑商。

海洋文化几千年的发展是天地人统一的，所以讨论其农业性还是商业性这样重大理论问题，不能只是从海洋农业和海洋商业两个方面来讨论，各说各话，互不对接，而必须要从经济、科技、文学艺术、航海、自然观等方面综合研究，才能清楚。

由此可见，在海洋文化研究和重大理论问题争鸣中，树立整体观及其方法论，仍是非常必要的。

二、中国海洋文化的农业性

蓝色文化在东方和西方的表现是不同的，中国传统海洋文化确实与西方海洋文化有巨大的差异。中国海洋文化有着鲜明的农业性，其基本内涵是“以海为田”，所以“如果把西方的海洋文化称为海洋商业文化，那么中国的海洋文化便可称为海洋农业文化。两者均是海洋文化的基本类型”。[①]

（一）海洋与沿海农业经济区

中国海洋文化的发展，与沿海农业经济区的形成和发展是分不开的。早在先秦，海洋文化的中心区在北方是齐鲁文化，在南方是吴越文化。这些地方之所以发展，首先是与沿海陆地农业的发展密切相关的。尽管古代这些海王之国均把鱼盐之利作为富国之本，但主要是陆地农业为人们提供了赖以生存发展的粮食、衣服、住房和道路。所以可以这样说，在中国古代首先是沿海陆地农业的发展，促进了沿海农业经济区的形成和发展。但是沿海地区的陆地农业的发展与海洋又有着广泛的联系，在发展陆地农业中，必定要用海之利，避海

①宋正海、郭廷彬、叶龙飞、刘义杰，《试论中国古代海洋文化及其农业性》，《自然科学史研究》，1991年4期。

之害。在这一相互作用过程中又推动了海洋文化的发展，但同时也使海洋文化增加了农业性。

中国沿海地区台风盛行，风暴潮灾害严重，潮灾毁房杀人，淹没农田，卤死庄稼，使大片大片良田变成不毛之地，这对沿海陆地农业和沿海农业经济区的发展都是沉重的打击。为了保卫沿海农业经济区，有效抵御风暴潮的入侵，中国古代建起了宏伟的滨海长城——海塘。在保卫农业经济区这一意义上看，滨海长城与中国北方万里长城起到了相同的作用。

潮田也是陆地农业。潮田中的庄稼与远离海洋的陆地庄稼无本质的区别。所不同的是它位于海岸和河口地带，用潮水顶托入海河流中的淡水来灌溉陆地农业的庄稼，利用海来支持陆地农业。

国内不同农业经济区之间有着交流，地方农业经济区与中央农业经济区之间有着联系，均是很自然的。而这种联系方式自然可以多样的，可以通过陆路、水路，也可以通过海路。所以古代广泛发展沿海地区的民间近海航行，完全是为了加强沿海农业经济区之间的联系。即使海上大规模的南北漕运也只是陆地漕运的一种替代或补充。元代海运代替了原有陆地大运河航运，至明代又以运河航运代替了海运，这种相互替代正说明海陆两种漕运无本质区别。

对海洋自然现象的认识：有的是通过真正的海洋生产实践，有的是通过其他方式积累。如对台风、龙卷风、海啸、长浪、海冰、海岸侵蚀和堆积、赤潮、鲸鱼自杀等海洋自然灾害和自然异常现象的大量记载以及对暴涨潮、海市蜃楼、海滩生物节律、奇异水族、罕见生态、奇异海岸地貌等自然现象的观察和研究基本属于海洋生产实践；但其中有的不仅与天人合一、天人感应思想有关，也与沿海农业经济区的发展，人口大量增加，知识的增长相关。

（二）以海为田

靠海、吃海、用海、思海，这是中国古代海洋文化的基本内涵。民以食为天，早在石器时代海洋生物的采集和捕捞，已成为沿海原始人类食物的主要来源。进入农业社会后，海洋渔业仍是沿海农业区人口肉食的主要来源。由于某些水产品的需要日益增长，形成供不应求局面，于是人们便像种植陆地庄稼（生物产品）一样，开始种植海洋庄稼（海洋生物），从而蚝田、蚶田、蛏田，甚至包括盐田就应运而生，大量发展，并与稻田、麦田、棉田一样，均以

“田”命名，均从“田”意；接着又有“珠池”“鲻池”等名称，也是从陆地鱼池的“池”意。这些正是大农业属性和传统农业文化内涵的反映。海盐与陆地的池盐、井盐均为氯化钠，成分和用途无本质区别，所以海盐只是陆地池盐、井盐的一种重要替代。

（三）海洋文化中的大陆农业文化因素

海洋是一种重要的商品交换、文化交流的通道，所以海洋文化有着较强的开放性倾向。但是中国古代海洋文化却有着一定的内聚倾向，开放性明显比西方传统海洋文化小得多。这不能说是海洋自然地理环境的作用，而应该认为是中原大陆农业文化制约的结果。

在港口或在海上观看船舶的驶近，先看到桅杆，然后看到船身；远离时，则船身消失在前，桅杆消失在后。对这种海洋现象，东西方的观察均应是同样的。它说明海面并非平面，而是一个曲面。但这一现象在古希腊曾启发人们用来证明大地为球形，而在古代中国，对此现象好似熟视无睹，未予深究。邹衍大九州说虽提出世界海洋论，还提出中国并非世界中心，而是81个大州（大块陆地）之一，成为非正统的地球观。但是在地球形状这一问题上，仍坚持从中原农业文化中产生并巩固的地平观。由于远洋航行时时脱离陆标，航海事业迫切需要发展天文导航，建立天文导航体系。但天文导航体系是建立在球形大地观基础上的，这又与地平大地观相悖。所以在中国古代远航中，天文导航却始终没有很好发展起来，远航中使用的导航体系仍是地文导航体系。

有机论自然观的起源并充分发展，得益于中原农业文化，但它在沿海农业经济区中又得到了进一步发展。它不仅在沿海地区的陆地农业中，而且在海洋捕捞、海水养殖以及其他海洋活动中都得到了重要发展。这应归功于中国海洋文化的农业性。为了达到海洋捕捞的丰收和海水养殖的高产，同样需要遵循自然界的统一性。在生产过程中，同样要遵循先秦时在中原农业文化中培植起来的天时、地宜、人力统一的三才理论和有机农业体系，只不过地宜应作广义的理解，应包括海宜。

抑商实为了重农，抑商政策在中原农业文化中占有重要位置。在西方古代，统治者是鼓励民间航海贸易，支持海外殖民事业。而在中国古代沿海地区则始终推行抑商政策，极力反对民间去海外贸易，民间海外贸易常以走私形式出现。古代对海洋产品如盐、珠等物，采取官营政策。凡此种种抑商政策，阻碍了商品经济的发展，以致在明中叶中国资本主义萌芽时期，由于海禁产生大量的民间武装走私活动，助长了倭寇之乱并导致强化海禁政策，最终使中国资本主义被扼杀。在西方资本主义的侵略扩张中，中国沦为半封建半殖民地国家。十分明显，中国海洋文化在“以海为田”上十分发达，走在世界前列，但在“以海为商”上则十分落后，始终突破不了中原农业文化中所制定的重农抑商国策。“普天之下，莫非王土”的天朝大国思想，是从中原大陆文化中培育出来的。这导致中国古代统治者在与海外各邦交往中，坚持怀柔政策，大搞政治性远航；在国际物产交流中，常给蛮夷各邦的“远方之物”多，而蛮夷各邦给中国的“远方之物”少。所以这种交流很难说它是海外贸易。至于允许外国商人来华贸易，也并非中国封建统治者鼓励商品国际流通，同样也是推行怀柔政策，体现皇帝的沐恩天下。正因为这样，明代还一度不顾巨额经济损失，推行朝贡贸易制度。凡此种种，中原大陆农业文化的基本内涵，在海洋文化中得以发扬光大，由此表明中国海洋文化有着显著的农业性。这是不能用海洋文化的区域性、断代性、民间性来替代的。

三、中国海洋文化的自然地理基础

自然地理环境是人类的家乡，是社会存在和发展的必要条件。自然地理环境对社会的经济、政治、军事、文化、意识形态等都有着长期持续的深层影响。自然地理环境这种对社会文化的全方位影响，长期以来是有不同的看法的。它甚至在近代被误解被否定，并冠之以“地理环境决定论”。近年来在中国，人们已越来越肯定自然地理环境在社会和文化发展中的巨大而深刻的基础作用。

谈到中国海洋文化形成的地理基础，首先是指海洋及河口海岸带的自然地理环境。没有这种海洋环境，便不可能有什么海洋文化，也不可能有本书所撰写的丰富内容，这是不言而喻的。这里我们只具体分析一些重要海洋文化现象的自然地理基础。

（一）“海错”与“以海为田”

以海为田是中国海洋文化的基本标志。它的形成固然与中原黄河农业文化的影响有关，但更重要的是与中国沿海有富饶的海洋资源有关。早在海洋采集、海洋渔猎的原始时代，对丰富的海滩软体动物和海洋鱼类的采集、渔猎活动，已培育了早期的海洋文明。《禹贡》已记载了“海物唯错”，强调海洋水产资源的多样性。其后海洋渔业的充分发展以及蚝田、蚶田、蛏田、珠池、鲻池等海水养殖业的发展均与丰富的海错有关。以海为田还包括潮田、盐田，这是以海洋水资源开发为基础的。

（二）海洋与世界的海洋论

由于黄河文化以中原及其附近广大地区的大陆自然地理环境为基础，所以只能发展起世界大陆论。在盖天说中，似乎未提及海洋。只有与广大海洋接触的沿海地区才能发展世界海洋论，强调世界以海洋为主，陆地只是很小的部分。邹衍的大九州说产生于沿海地区是合乎道理的。东晋葛洪、唐代卢肇、五代邱光庭的天地结构论潮论均是以世界海洋论为基础的。

（三）暴涨潮与观潮文化

没有壮观的暴涨潮，就不可能有丰富的观潮文化。在唐以前有广陵涛存在，故发展广陵观涛文化；在晋以后，钱塘潮汹涌壮观，便形成内涵丰富的钱塘观潮文化。

（四）风暴潮与“滨海长城”

中国近海地区台风的盛行，形成了严重的风暴潮灾，为了保卫陆地农业经济区，这里建起了雄伟的“滨海长城”。在风暴潮灾害最严重的杭嘉湖地区，则形成了最雄伟的江浙海塘。

（五）黄水洋与沧海桑田

葛洪在《神仙传》中较清楚地阐述了“东海三为桑田”的海陆变迁思想。这种思想的产生主要与中国黄海黄水洋的特殊自然环境有关。葛洪为江苏句容人，对东海情况十分了解。古代东海包括今黄海，葛洪所说的东海三为桑田实为苏北的黄水洋沿岸。这里是上升海岸，海水浅，滩涂广。黄水洋曾是黄河入海处，有着大量泥沙沉积，再加上自北向南的黄海沿岸水流把泥沙由古黄河入海处带至整个黄水洋，所以使黄水洋暗沙浅滩广泛分布，海岸迅速向外发展，沧海变桑田的现象特别明显。另一方面这里风暴潮也十分严重，在风暴潮中有时海岸被海水大片大片地冲刷掉，所以桑田变沧海的现象也随处可见。这种海陆互变现象在长江口北岸十分明显。在长江口，河流主流线南北摆动，当主流线南移，河口拦沙门也南移。与此同时，黄水洋的南流泥沙和长江带来的泥沙共同堆积，使河口北面陆地迅速向海外推移。沧海迅速形成大片陆地；但当主流线北移，又有力地冲刷河口北陆地，导致大片陆地迅速沦为沧海。例如长江北口海门县在唐代设置，后来因陆地被严重冲刷而消失。对照一下《中国古代历史地图集》[①]长江北口在不同时代的海岸线轮廓，可以清楚地看出这种沧海桑田的多次互变。正是在这种特殊自然条件下，才产生了葛洪所记载的东海三为桑田的神话传说。

（六）海市与观海市文化

登州海市绮丽神秘的景色引起人们的无限遐想。战国时期流传在燕昭、齐鲁大地上的三神山传说，显然与登州海市所显现的海中楼台亭阁有关。而秦始皇、汉武帝为求长生不老药，又不断遣人入海求神山也是与登州海市有关。《履园丛话》记载：清王仲瞿（1760—1817）常言："始皇使徐福入海求神仙，终无有验。而汉武亦蹈前辙，真不可解。此二君者，皆聪明绝世之人。胡乃为此捕风捉影，疑鬼疑神之事耶？后游山东莱州见海市，始恍然曰：'秦皇、汉武具为所惑者，乃此耳。'"[②]正由于这绮丽神秘的海市景象，使登州海市成为胜景，观海市形成风俗，不少名人雅士前来观赏后，留下不少诗词，形成明显的海市文化。

（七）季风与季风航海

中国是世界最大季风区，所以季风的概念在中国形成很早。明确的季风

①谭其骧主编，《中国古代历史地图集》（1—8册），地图出版社，1982年10月—1987年4月。
②钱泳，《履园丛话》卷3。

航海的记载在东汉已出现，并把梅雨之后送远洋船舶来中国的夏季偏南风称为“舶趠风”。季风航海促进了中国港口的国际贸易，形成明显的汛期。中国远洋航行在唐代鉴真（688－763）东渡以及日本遣唐使来华后，已开始摸索季风航海。宋、元季风航海充分发展，泉州市舶司专门有为外国船舶祈求顺风的活动，至今泉州九日山留下大量祈风石刻。

四、中国海洋文化与黄河文化

中国古代从秦汉以来基本是一个中央集权的封建专制主义国家，即使在分裂时期，各方霸主也是极力谋求在兼并战争中，消灭敌对势力，结束分裂局面，完成统一大业。《禹贡》中提出的理想中国大一统局面，为中国历代统治者所追求。中国古代文明起源于黄河中下游的中原地区，所以称为黄河文化。黄河文化基本是一种大河文化或大陆文化，并且有着明显的大陆内聚型倾向。中国海洋文化发展于中国广大沿海地区，但又受到黄河文化所制约，所以它包含着丰富而深刻的黄河文化内涵，下面介绍几个重要方面。

（一）重农政策与“以海为田”

以海为田有其自然地理基础，首先是丰富的海洋水产等资源，这是毫无疑义的。但以海为田，在中国古代海洋文化中已上升到极为重要地位，以至成为中国海洋农业文化的基本内涵。

我国中原及其附近地区平原辽阔，农业区连成一片。一年中高温（夏季）与高湿（雨季）配合，十分利于一年生粮食作物生长，可以养活很多人。所以中国自古以农立国，努力开发本国的土地、气候、水热、生物、矿产等自然资源，发展水利、农产等事业，而不立足于走向海外。即使在沿海地区，自新石器时代农业产生后，耕作业、家养畜业始终成为沿海农业经济区的主要产业，得到历代统治阶级的高度重视。在海洋生产中，以海洋捕捞、海洋水产养殖为主的以海为田，也自然成为中国海洋农业文化的基本内涵。开发海洋资源成为沿海“海王之国”的重要方针。《管子》《韩非子》均精辟地论述了这一道理。为了持续发展海洋农业、牧业，四时之禁被历代统治者奉为古训。历代赞美海洋资源的诗、词、歌赋，层出不穷。人们对海洋的恩赐感激不尽，因而很自然把水产志称为《××图赞》《××赞》，甚至感激海产对人类的贡献，还把海产志称为《××加恩簿》。

（二）海洋农业文化与有机论自然观

中国大部分地区位于北温带和北亚热带，一年中太阳辐射量变化较大，又加上中国位于世界最大的季风区，所以一年四季分明，农业和整个生物界显现出春生、夏长、秋收、冬藏的明显的自然环境和农业生产周期。农业的高产还在于最大限度地协调作物与环境的统一，人们不仅要认识到这种天地生之间的统一性，还必须根据农业实践，使下种、施肥、灌溉、除草、松土等措施符合这种统一性，以达到天地生人之间的统一，才能获得农作物的丰收。所以中国古代生态思想，即天时、地宜、人力三者相互统一的三才学说深入人心。这种农业思想指导农业实践并哲学化，上升为中国古代有机论自然观（或朴素系统论思想）①。这种自然观成为中国传统文化的重要观念，在人们生产中起着重要作用。有机论自然观在沿海地区的陆地农业和海洋农业实践中，又得到了进一步的发展，并丰富了海洋学的理论和实践。在这种自然观的指导下，中国的海洋科学取得了多方面的世界领先成就②。其中特别是月潮同步原理的发现与精确天文潮汐表的制订；水分海陆循环理论的提出；综合的自然灾害预测预报；丰富的历史自然灾害和异常记录，等等。

（三）世界海洋论中的地平观

无论在东西方，有关世界的构成均有大陆论和海洋论。中国古代盖天说为世界大陆论。邹衍大九州说、浑天说为世界海洋论。但奇怪的是中国的世界海洋论中的地球形状始终是平的。一般讲海洋文化中容易产生球形大地观，但在漫长的中国古代海洋文化中，却至今尚未找到有球形大地观的明显迹象。邹衍大九州说是一种非正统的海洋开放型地球观。但它的开放性，只表现在强调世界之大。中国所在的赤县神州，只是在平坦海洋面上浮着的81块大陆岛中的

①高建，《中国古代有机论自然观与古代农业文明》，《天地生综合研究》论文集，中国科学技术出版社，1989年。

②宋正海，《有机论自然观与海洋学成就》，《中国海洋报》，1991年10月9日。

一块，更说不上一定位于世界中心。在这一点上虽突破了黄河文化中的世界大陆论，但是在地球形状问题上，仍没有摆脱黄河文化中地平大地观的影响。这与西方海洋文化中较早地建立了球形大地观，形成了鲜明的对照。这种现象只能用黄河文化对中国海洋文化的强烈影响来解释。

（四）中央集权与海洋生产事业官营

中国古代，特别自秦汉以来，坚持并发展中央集权制，极力控制各项事业，对重要生产和销售部门实行官营。在海洋生产中，中央也极力进行控制。制盐、采珠很早就实行官营，严格控制民间私自制盐、采珠。对合浦等地的重要珠池，皇帝常直接派太监进行监督。对港口国际贸易一直是由官方严格控制。尽管朝廷允许外国商人上岸贸易，但对其重要商品是由市舶司专门收购的。中国封建统治者不允许中国老百姓出海贸易。民间国际贸易虽然在中国古代一直存在，有时还比较发达，但实际是以走私形式进行的。因此在明中叶，中国资本主义萌芽时期，武装走私猖獗。所谓倭寇之乱，原因很复杂，其中一个重要原因，即与沿海地区，特别与闽、浙地区的武装走私有关。海禁的实行虽有正当的理由，但是未能正确处理好复杂问题，从而抑制了商品经济的发展。古代西方海洋国家的统治者历来支持民间航海和民间海外贸易，大力支持并保护本国侨民的海外利益。由此可见，在东西方海洋贸易对比中，千方百计限制民间海外贸易，对海洋生产、销售活动，尽力纳入官营，对老百姓进行种种限制，这是中国海洋农业文化的一个特点。这一特点显然不是海洋文化本身赋予的，而是黄河文化中的中央集权制约的结果。

（五）天朝大国与海洋怀柔政策

中国文化发源于农业自然条件较好的中原及其附近地区，较早建立起发达的农业文明。相对而言，其他地区自然环境恶劣，文明程度远为低下。所以中国古代统治者习惯把中原视为世界中心，把以中原为中心建立的国家称为中国，皇帝自称天子。中原农业区以外的地区被视为蛮荒之地，并依离王都远近分划世界。《国语》《禹贡》分划世界为五服。《周礼》则为九服。古代也常称周围世界为“四海”，《荀子·王制》杨倞注：“海谓荒晦绝远之地，不必至海水也。”《尔雅·释地》：“九夷、八狄、七戎、六蛮，谓之四海。”郭璞注："九夷在东、八狄在北、七戎在西、六蛮在南，次四荒者。"中国历代统治者又自认为受命于天，对周围蛮夷世界负有教育、开化的使命。《尚书·大禹谟》："文命敷于四海。"《禹贡》："声教讫于四海。"所以在中外关系中推行怀柔政策。在中国古代封建统治者看来，天朝大国什么都有，并不一定需要四海夷邦的东西；天朝大国什么都强，更用不着向蛮夷之邦学习什么。对待外商来华贸易，中国封建统治者认为他们是有求于中国，是一种臣服的表现。所以与严厉禁止中国商人出海贸易相反，中国统治者欢迎外商来华进行港口贸易。《明太宗实录》："岛夷之入皆朕赤子，讵可使之失，命优养之。""外夷向慕中国，来修朝贡，危踏海波，跋涉万里……其各有赍，以助路费亦人情也，岂当一切拘之禁命"。"毋拘法禁以失朝廷宽大之意且阻远人归慕之心"[①]。所以在中国的港口国际贸易中，政治因素有着重要作用。因此，明朝曾一度实行朝贡贸易制度。

中国古代有较多大规模的远洋航行，但并非民间的商业航行，而是官方的出使。郑和下西洋带了不少中国产品与其他国家交换，但送人的"远方之物"多，回送的"远方之物"少，从经济上通常是赔本的，所以很难说是贸易活动，而主要是政治活动。中国古代远洋航行的非经济性和非民间性，并非是海洋文化本身的特点，而是黄河文化的制约造成的。

五、蓝色文化传统与当代改革开放

蓝色文化的天然开放倾向以及中国传统海洋文化的农业性，均对当代中国的改革开放有着众多的启发和推动作用。当然中国传统海洋文化也与中国古代其他优秀文化传统一样，有着一定的缺陷。但是只要我们清醒地认识到这一点，找出其原因，汲取其教训，也就能从积极方面推动当代中国的改革开放。

（一）从"以海为田"到当代的海洋资源开发

尽管世界上临近海洋的国家均有靠海吃海用海的历史，但是在海洋资源

---

① 《明太宗实录》卷23。

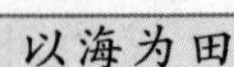

开发利用的广度和深度上，中国是处于领先地位的。农业性是中国海洋文化最明显的特点。本书已用许多篇幅阐述了中国海洋文化农业性的博大精深。中国古代重农的政策以及“以海为田”的主张和措施，从更高的层次上推动了海洋资源的开发利用。在当代改革开放事业中，这一优良传统不仅不能削弱，而且要大大加强，使中国21世纪的海洋资源的开发和综合利用在现有基础上达到更高更新的层次。

古代以海为田的海洋资源开发，是一种大农业思想，内容涉及渔、牧、农、副等领域。当代中国的海洋资源开发利用要在广泛使用现代科学技术基础上向更广更深发展。例如，不仅发展近海捕捞，还要大力发展远洋捕捞业；养殖种类除了传统的软体动物和鱼类，还要扩大新的海洋生物品种；海涂开发，不仅面积要进一步扩大，开发项目还应更为丰富；海洋水产的利用除了发展食物资源，还要进一步发展药用、宝货、建材、工艺品原料等资源；盐田要继续扩大，产量要继续提高；要大力开发海底石油、天然气、锰结核、可燃冰等海洋矿物资源等。

中国古代的重农政策是和抑商政策紧密结合、相辅相成的。尽管抑商政策在中国古代，对于沿海地区自给自足的自然经济以及合理开发自然资源等方面有着积极作用，但也对海洋资源的进一步开发有着阻碍作用。繁重的土贡、渔税、盐税；盐、珍珠等生产的官营以及对盐等海产品的商业活动的严厉抑制政策，严重阻滞了海洋资源的开发利用。历史的教训值得重视。为了发展我国的海洋资源的养殖和开发，必须调动生产、经营者的积极性，鼓励海产品的商业活动。自改革开放以来，有关政策已收到明显的效果，渔民、盐工和有关经营者已迅速地富裕起来，市场的海产品供应也较大地丰富起来。

在强调海洋资源开发利用的同时，必须重视海洋资源的保护。中国古代思想家普遍提倡的“四时之禁”以及在海洋资源开发中严禁滥捕、滥捞，维护生态平衡以保证海产品的持续高产的思想和政策，在今天看来，仍是一种远见卓识。在我国海洋资源减少、海洋环境退化的今天，制定具体的海洋资源保护和合理开发的政策并严格执行，已是迫在眉睫。

（二）从港口贸易到沿海开放城市、开放带

中国古代的对外贸易主要是边口贸易，在沿海则是港口贸易。不同时期

开放的中外交通港数量不等，但大多局限于东南沿海。改革开放以来，我国沿海相继开放的港口城市和经济特区，大都是与古代传统的港口有联系。以这些开放的港口城市为依托，一方面利用附近海岸带发展起沿海开放带，另一方面又依靠伸入内地的大江、铁路发展由沿海向内地辐射的开放带，形成了由东向西，由沿海向内地的梯级开放，带动全国的开放和经济腾飞，充分发挥了蓝色文化的优势。

古代对来华的外国商人采取十分友好的欢迎态度。宋元时，在泉州港甚至形成海关官员为外国商船祈求顺风平安返航的礼仪。泉州九日山祈风石刻遗址，充分体现了这种友好的政策。当前中国的改革开放，继承并发扬这种优良传统，推动世界各国的朋友来华投资经商或旅游观光。

古代的港口贸易中，有几个教训是应该吸取的。在贸易中常只考虑政治作用而忽略了经济利益。明代封建统治者过分地把港口贸易当作一种万国朝贡的形象，竟不顾关税收入问题，曾一度实行朝贡贸易制度。结果是大量关税漏失，国库空虚，最后又不得不限制各国来华朝贡贸易次数。在当代的改革开放中，我们欢迎外商来华投资经商，但不能被一些假象所迷惑，一定要算好经济账，使这种开放活动真正有利于民族经济发展和国力的增强。

古代港口贸易中，贪污、受贿、腐化之风十分严重。清代广州港负责中外贸易事务的十三行与不法外商串通一气，狼狈为奸。鸦片就是在十三行帮助下偷偷运进中国的。今天，我们要吸取惨痛的历史教训，加强法制，严格防止涉外人员中的少数败类不讲国格，不讲人格，损公肥私，损害民族利益的种种不法行为，严厉打击贩毒和其他走私活动。只有这样，才能确保我国开放政策的顺利实施。

（三）从海禁到“出国潮”

明代中国统治者实行“寸板不许下海，寸货不许入番”的海禁政策，这是中国古代长期贯彻抑商政策的集中反映。古代虽有对外贸易，但多是仅限于港口交易；虽有海上丝绸之路，但公开活动的只是外国商人以及中国的使臣和宗教徒，大量中国民间商业只能以走私形式参与。封建统治者限制中国老百姓经商，更不让他们出国经商。封建伦理常把出洋贸易的商人和水手视为弃民。官府对发生在吕宋、爪哇等地屠杀华侨的严重事件置若罔闻。与欧洲海洋国家

政府支持老百姓出外经商，保护他们的海外权益相比，中国的封建统治者在这方面是十分保守落后的。

当代中国改革开放已全面改变了传统的闭关锁国政策。大批中国人已走出国门，走向世界，形成一股股强大的出国潮。尽管在这大潮中，目前还存在着人才流失等这样那样的问题，但这毕竟是民族的一个巨大进步。走出国门，走向世界，将对中国人真正了解世界各国，进行中外交流，从而搞好中国的经济、科技、文化的现代化建设是十分有利的。

（四）从有海无防到海防现代化

明代以前的中国基本上没有海防。当时中国处于强盛时期，隔海相望的邻国和远方国家是来朝贡的，没有海上入侵的威胁，所以长期没有海防概念。

明代沿海地区边患严重，倭寇在中国沿海横行，烧杀抢掠。而后西方殖民主义魔爪也开始伸向中国，相继窜犯广东、福建、浙江等沿海地区。在这种严峻形势下，明代开始出现了“海防”概念，并进行海防建设。随即也出现了第一本海防专著——《筹海图编》，系统叙述了沿海地理形势、海防设置、海防方略等内容。

但在清末，特别在1840年鸦片战争之后，由于清政府的腐败，海防力量没有得到必要的加强。故而在西方殖民主义者船坚炮利的不断打击下，中国海防百孔千疮，形成有海无防、有海难防的被动局面。殖民主义者从海上入侵，使中国逐步沦为半封建半殖民地国家。

几千年来，中国渔民在渤海、黄海、东海、南海进行捕捞作业；中国民间商贸和官方航行频繁航行在这些海区，开辟了许多航路，发现、命名、开发了无数岛屿和海礁，为这些海区的开发做出巨大的历史性贡献。几百年来，东海、南海的中国所属岛礁的主权没有任何争议，彼此相安无事。只是近几十年来，由于海底丰富的石油、天然气等资源被发现，海洋争端随即开始。国际公法中为解决国家或地区之间因领海争端而提出的200海里的专属经济区，于是东海、南海中为中国所属的几十个岛礁被一些国家所侵占，这给中国的海洋发展带来巨大的困难。中国必须吸取历史教训，重视海防，大力发展海军，保卫国家领土，维护海洋权益。

（五）海洋文化旅游资源的开发和保护

中国漫长而广阔的沿海地区有着许多历史海洋文化遗址，有着丰富的蓝色文化资源。这种遗址是重要的旅游资源。目前不少旅游资源已得到开发，如江浙海塘、蓬莱丹崖山、海宁海神庙、湄州妈祖庙、广州怀圣寺、佛山祖庙、泉州九日山、杭州六和塔等等都已成为名胜。

由于长期以来受传统学术观点，即中国没有（像样的）海洋文化思想的束缚，中国沿岸广大地区的海洋文化遗产没有被作为一个文化体系来研究，因而也没有对历史海洋文化遗址进行统一的调查和开发。这方面的基础性文化工作有待在对中国蓝色文化传统的统一认识下全面开展。这些海洋文化遗址的开发、保护和修复，可以展现中国古代蓝色文化的风采，促进沿海地区的文化旅游，带动沿海地区的经济发展。反过来，沿海文化旅游事业的发展，将促进中国传统海洋文化的系统整理和研究，使海洋文化遗址的修复得到可靠的物质保证。

2011年9月，20位从事海洋学、海洋文化研究的专家学者联名[①]给浙江省、杭州市、海宁市政府提交《有关建设“钱塘江潮汐文化长廊”的建议》书[②]。这是系统开发海洋历史文化旅游资源，打造文化品牌，发展地方文化和旅游事业的一个较突出的典型，值得沿海有关地区效仿。

（六）海洋自然灾害与减灾

中国的海洋灾害十分严重，主要有海洋大风、风暴潮、海啸、海龙卷风、海岸侵蚀和堆积等[③]。沿海地区是开发较早、人口集中、农业经济十分发达的地方，但也是海洋自然灾害集中的地方。在十分富庶的河流三角洲，风暴潮灾能量集中，危害十分严重。

①这20位联名的专家学者是：曲金良、朱明尧、刘义杰、孙关龙、李宗岩、宋正海、张开城、范云龙、周明、周魁一、周潮生、郑锋、咸立金、施炳祖、徐钦琦、倪秀生、唐吟方、陶存焕、曹成章、戴泽蘅。

②宋正海，《钱塘江潮汐文化长廊》，《海宁史志》，总26期（2012年2期）。这篇文章实是20人的建议书，但发表时编辑部未经与宋正海商量只署宋正海一人之名。此事虽得到周潮生、朱明尧等作者的谅解，但仍使宋正海十分尴尬。

③《中国古代重大自然灾害和异常年表总集》，广东教育出版社，1992年。

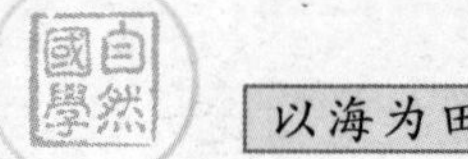

为了保卫富庶的三角洲和广大的海岸平原的生产和人民生命财产，中国古代建设起宏伟的滨海长城——海塘，在世界减灾史上树起了一座丰碑。

当今改革开放时代，尽管海塘建设和其他海洋减灾活动已有加强，但对海洋灾害的危害性还是要十分警惕。人类在改造不利的自然条件的同时，往往会导致尚未认识的灾害的增长。所以有时会出现防洪能力提高了，而水灾损失反而增大了的现象①。当前，海港工程的大量建设，沿海经济的迅速发展，固定资产的巨大增长，人口的高度集中，使得海洋灾害发生时，带来的损失更为严重。因此，沿海地区的减灾防灾局势更为严峻。要确保沿海地区的改革开放和经济发展，自然灾害的预防预报必须得到高度重视。

科学界提出，由于二氧化碳的不断增长，大气花房效应增强，全球气候正在变暖，海平面正在上升。如果这种趋势确实存在，那对全球许多沿海地带均是巨大的灾难。海岸线将后退，大量海岸工程将减弱功能甚至失效，风暴潮会更猛烈地伸入大陆。这对中国的现代化进程也有很大的影响，必须认真对待。

（七）海洋文化与黄河文化

中国古代，海洋文化与（狭义的）黄河文化有着强烈的相互作用。尽管在中国文化的多元体系中，各种文化类型均发挥着作用，并相互影响、相互渗透、相互依存，但是其中海洋文化的作用应是十分重要的。除海洋文化外，其他各种文化类型，基本是大陆型，从这角度讲，它们彼此的反差小得多。海洋文化与各大陆文化反差则很大，彼此间必然有着强烈的相互作用。海洋文化对黄河文化的作用，使它们在许多文化层次有着或多或少的海洋内容和色彩，引进不同程度的海洋开放性。而作为统治地位的黄河文化对海洋文化的作用则更是强大。其中有的是起较好的作用，例如以海为田、有机论自然观、海洋怀柔政策等。这些在当今时代，需要进一步发展，以促进沿海地区资源的综合开发，促进中外友好往来。但其中也有起不良作用的，如抑商、官营等方面。这在古代限制了沿海商品经济发展。

①周魁一主讲，《为什么防洪能力提高了，水灾损失反而增大了》，《天地生人学术讲座》第37讲（1993年4月10日于北京）。

改革开放以来，在承认沿海和内地的差别的条件下，国家在沿海地区设立经济特区，给了许多特殊优惠政策，从而大大发展了沿海地方经济，也带动了内地经济的发展。这种承认地区差别，允许部分地区先发展起来的政策是符合客观规律的，是实现当代中国现代化的一个重要政策。

附录

郑和航海与地理大发现

世界近代史上的“地理大发现”①，是指15世纪、16世纪之交开始的西欧各国航海家和冒险家在地理方面的一系列重大发现，以及这些发现的巨大的历史作用。其中最杰出的成就是：1492年哥伦布领导的西班牙船队发现美洲；1497年达·伽马(V. da Gama，约1469－1524)领导的葡萄牙船队发现绕过好望角通往印度的航路；1519－1522年麦哲伦(F. de Magalhães，约1480－1521)领导的西班牙船队第一次环球航行。

地理大发现的巨大社会历史作用，在《共产党宣言》中有精辟的阐述：“美洲的发现、绕过非洲的航行，给新兴的资产阶级开辟了新的活动场所。东印度和中国的市场、美洲的殖民化、对殖民地的贸易、交换手段和一般商品的增加，使商业、航海业和工业空前高涨，因而使正在崩溃的封建社会内部的革命因素迅速发展。”②

地理大发现也是地球科学史上最壮观的一幕。地理大发现使西半球和东半球、新大陆和旧大陆联系起来了。古代人有关大地球形的天才猜测得到了航海的证实。中世纪狭小的世界观彻底打破了，人类真正发现了地球。地理大发现推动全球范围海洋、陆地的考察研究。地质、地理、环境、资源等资料的迅速积累，地球奥秘的不断揭露，有力地推动着地球科学的进步，由古代阶段迅速上升到近代阶段。地理大发现也曾促进着天文学、航海学、造船技术、天气预报等科学技术的近代化进程。地理大发现促进了国家与国家、民族与民族的大接触大交流，促进了不同文明的大碰撞和大兴衰，促进了人文社会科学的进展。

远在地理大发现前半个多世纪，从明代永乐三年(1405年)到宣德八年

①地理发现应该理解为任何一个文明民族第一次到达该民族或其他民族都不了解的未知地域或第一次确定已知地域的空间联系。由于哥伦布前，已有中国人和其他欧洲人等到达美洲，麦哲伦的航线特别是达·伽马的航线，有相当一段是旧航线。所以严格讲，“地理大发现”“哥伦布发现新大陆”“达·伽马开辟到达印度的新航线”等提法，都不是很科学的。本文不是讨论发现再发现问题，这些提法又为史学界习用，本书暂沿用。

②《马克思恩格斯选集》第一卷，第252页。

(1433年)，我国伟大航海家郑和(1371或1375－1433或1435)领导的庞大船队七下西洋，经由东海、南海，穿过马六甲海峡，横渡印度洋，最远到达红海沿岸和非洲东部赤道以南的海岸，前后经历55个国家。名扬中外的郑和下西洋向全世界展现了光辉灿烂的中国古代文明、先进的传统科学技术和社会文明，表达了中国人民与世界各国人民和平交往的良好愿望。郑和航海规模巨大，仅第七次航海，共有27,800余人，大船62艘。最大的船长44丈4尺，阔18丈，可容千余人。如此规模的远航船队，不仅当时世界上任何国家所没有，也是后来地理大发现时代的任何舰队所望尘莫及的①。就郑和船队的规模、装备、技术等航海能力而论，当时中国人完全能完成地理大发现，这已为中外史学界所公认。但令人惋惜的是郑和下西洋后，明代再没有派遣船队远航②。名扬中外的郑和航海壮举没有导致中国人去完成地理大发现。

郑和航海与地理大发现给世界航海史、文化史乃至整个人类社会历史留下许多个谜，这就是：郑和航海为什么没有导致中国人完成地理大发现？郑和船队完全有能力绕过非洲南端好望角到达西欧，如这样，世界历史格局是否有根本性的改变？中国能否因此成为发达的资本主义、帝国主义国家，而西方反而成为殖民地半殖民地国家？孟席斯又提出郑和船队到达美洲并进行环球航行，这是否真的可能？如此等等。

一、郑和航海的目的是与西洋各国恢复传统友谊而不是地理发现

地理大发现是一种规模巨大的远航，它需要巨大的人力、物力，需要国家或王室的支持。所以地理大发现需要强大持续的动因，这样的动因在当时欧洲存在，但在明代中国是不存在的。

①郑和第七次船队，62艘，27，800余人；哥伦布第一次舰队，3艘，88人；达·伽马舰队，4艘，170人；麦哲伦舰队，5艘，265人。

②郑和第七次航海归来后的第二年（1434年），明廷又组织了一次由曾为郑和副使的王景弘领导的第八次远航，出使苏门答腊。但这次远航并没有超出郑和远航的范围。

地中海沿岸国家由于腹地小一向重视海上贸易。14、15世纪，西欧资本主义萌芽，各国统治集团为扩展商业和殖民活动，更积极奖励航海。早在1275年威尼斯商人马可·波罗来中国，回国后口述写成《马可·波罗游记》一书。此书以夸张的笔法描写了中国等东方国家的富庶，在欧洲人中激起了去东方冒险的热情。13世纪，由于商品生产发展，货币经济深深地打入到封建社会内部，金钱成了权力的象征。正如哥伦布直言不讳所说："黄金是一切商品中最宝贵的，黄金是财富，谁占有黄金，谁就能获得他在世上所需的一切。同时也就取得把灵魂从炼狱中拯救出来，并使灵魂重享天堂之乐的手段。"[①]但自十字军东征(1096－1291年)，欧洲人从东方输入大宗香料和奢侈品，付出了巨额黄金。到15世纪时，整个欧洲，特别是葡萄牙都苦于黄金不足。于是在商人和冒险家中"黄金梦"泛滥起来，醉心于神话般的东方财富。

然而这时土耳其帝国控制了地中海到东方的传统商道，对于过往商客横征暴敛，多方刁难。另一条从地中海经埃及由红海通往印度洋的海路，又控制在阿拉伯人手里。在这种形势下，西欧各国迫切想寻找一条绕过地中海通向东方获取黄金、香料的新航路。这就是地理大发现的强大持续的经济动因。[②]

地理大发现的最杰出成就是葡萄牙和西班牙完成的。然而西班牙也得益于葡萄牙的航海技术[③]。15世纪以来小小的葡萄牙竟一跃成了世界航海强国和重要殖民国，这和西欧资本主义发展，东方商路中断，海洋贸易重心由地中海移向大西洋、由南欧移向西欧，国家较早获得统一等社会原因有关。但最直接的原因还在于葡萄牙统治者看清形势，及时采取了大力发展远洋航海的政策和部署。亨利王子（Henrique，1394－1460）放弃豪华奢侈的宫廷生活，长期住在偏僻的滨海小村，把全部精力用于发展国家航海和殖民事业。1419年亨利在比利牛斯半岛西南方的沙格勒斯(Sagres)建立了航海研究所，聘请世界卓越学者和航海家担任航海及发现的研究，并从世界各地搜集地图和航海书籍。此项工作富有成效，掌握了当时威尼斯、热那亚、北欧、阿拉伯甚至中国的先进航

①引自周一良、吴于廑主编《世界通史资料选辑》（中古部分），商务印书馆，1964年，第304页。

②地理大发现另一重要动因是寻找神秘的亚洲或非洲的基督教王约翰(Prester John)，打算与他联合来抵抗穆斯林。这一动因也是为了打破穆斯林的政治包围和经济封锁。

③麦哲伦虽为西班牙服务，但却是葡萄牙人。哥伦布是意大利人，为西班牙服务，但他的航海技术主要是在葡萄牙学习的。

海技术，并不断派遣船队在非洲西海岸探险中取得进展。这一切为地理大发现打下了坚实的技术和知识基础。亨利王子也因之成为时代的佼佼者。尽管他本人没有进行远航，但人们尊称他为“航海家”。有的历史学家甚至认为：“这样说是不过分的：从他的航海时代起，每一个由陆路或海路从事地理发现的人，多少都是沿着他的足迹前进的。”①

如果说亨利的船队还不是明目张胆地掠夺财富，那么后来的地理大发现时的舰队就是赤裸裸地做了。他们航海计划得到资助，全靠经证实可预期的经济价值。支持哥伦布航海的西班牙女王伊萨伯拉一世（1451－1504）、派遣达·伽马船队的葡萄牙国王曼努埃尔一世(Manuel I，1490－1521)，赐船队给麦哲伦的西班牙国王查理一世(1500－1538)等，都是期待获得巨额利益而签订协议的。而那些远航冒险家为报答资助人，会用尽各种残暴手段以获取财富。地理大发现时代的英雄们大都是亡命徒，从事海盗勾当，烧杀抢掠无恶不作，从而使地理大发现成为近代史上最血腥的一幕。远航收获物品的价值往往超过远航耗资的几倍、几十倍，这就吸引越来越多的人去东方冒险，地理大发现很快形成热潮。

和当时西欧统治者积极支持远航，发展海外事业相反，明代中国统治者仍采取传统的重农抑商政策。这一政策强调只有农业是国计民生的根本，而工商业是妨害生产的末业。因此国家为了长治久安，即使不能把商业彻底消灭，也要尽可能抑制它的发展。重农抑商在中国开始很早，历经2000多年而不衰，始终被历代王朝奉为治国基本政策。明代抑商政策强烈地表现在对外贸易上，这就是海禁。海禁直接原因是倭寇之患。

14世纪以来，日本正值南北朝分裂时期，西南的封建诸侯组织了一部分武士、浪人和商人，经常在中国沿海抢劫中国商船，杀戮沿海居民，这就是倭寇。从元末明初开始，倭寇成为中国沿海大患。为此明廷在加强海防的同时，实行海禁，制定严酷法律，禁止人民出海贸易，甚至“片板不准下海”。尽管当时王圻、丘浚、唐顺之等人陈述，取消海禁可增加国库收入，也可解除倭寇之患，但一直到明末，海禁也没有真正解除。

由于中国极其坚固的封建经济结构，占绝对统治地位的自然经济，以及

①查·爱·诺埃尔，《葡萄牙史》上册，江苏人民出版社，1974年，第72页。

其上建立起来的严密的封建政治结构和精致的封建主义意识形态，使中国封建社会长期延续，资本主义很难发展起来。尽管当时东南沿海早有大批人出海经商，或移居海外，闽浙沿海的富户早就依靠海外贸易为生财之路。但是中国早期资产者非常软弱。明清时期在全国各大都市爆发过声势不同的反对封建专制统治的市民运动，但最后都以失败而告终。中国资本主义不发展，便没有地理大发现的强大持续的经济动因。

明代允许外国商人来华贸易，目的是推行怀柔政策，宣扬中华帝国富强。洪武、永乐年间，明廷竟不顾巨额关税损失，改变宋、元的市舶制度，实行“朝贡贸易制度”。外国商船只要向明廷朝贡，就能恩准上岸贸易。这种贸易不仅不抽关税，而且明廷对于“贡品”也是付钱的，往往付比市价高得多的钱。外商捞到巨大好处，所以争相向明廷朝贡。但是这种花钱图虚名的朝贡贸易使明廷背上了巨大经济负担，最后不得不对各国朝贡贸易次数大加限制。

明代不让老百姓出海，但朝廷却组织了不少次远航。明廷在洪武、永乐、宣德三代派遣不少使臣出使亚非各国，郑和下西洋只是其中最著名的。这些出使活动从表面看，似乎可以大大刺激明廷对远方财富的欲望，从而成为地理大发现的经济动因，但实际并非这样。郑和下西洋目的不是经济要求，而是政治目的。政治目的可以一度成为强大的动因，但政治动因远不如经济动因持续稳定。每当时过境迁，原有政治目的很快消失，远航也就失去了动因。名震世界的明初远航也就是这样突然偃旗息鼓的。

中国古代改朝换代后，新皇帝大多要诏告天下，希望海外各邦臣服新王朝。明朝建立后，更需这样做。这是因为元代统治者是蒙古族，这种少数民族贵族成为中国统治者的情况，被后世汉族封建统治者视为不正常。朱元璋（1328－1398）在建立大明王朝后，就不断派遣使臣出海，安抚各邦。郑和下西洋在明初，第一次航海离明朝开国才37年，离元朝彻底灭亡才17年；离洪武朝才7年，因此郑和下西洋主要推行怀柔政策[①]。

---

①《明宣宗实录》卷六十七：宣德五年六月“戊寅，遣太监郑和等责宣诏往谕诸番国。诏曰：朕恭膺天命，祗嗣太祖高皇帝、太宗皇帝、仁宗昭皇帝大统，君临万邦，体祖宗之至仁，普辑宁于庶类，已大赦天下，纪元宣德，咸与维新。尔诸番国，远处海外，未有闻知。兹特遣太监郑和、王景弘等赉诏往谕，其各敬顺天道，抚辑人民，以共享太平之福”。《郑和家谱·敕海外诸番条》也有类似内容。

郑和下西洋之所以规模如此之大，短时间内进行了7次，还有另一政治目的，即寻找建文帝朱允炆(1377－1402)。朱元璋死，朱允炆以皇太孙继位。朱元璋四子朱棣初封为燕王，镇守北平（今北京）。他于建文元年起兵，四年破京师（今南京），夺取其侄建文帝之位，自称明成祖，年号永乐。建文帝下落不明，传说他已逃亡西洋，如真是这样，终究是祸根。为了长治久安，真正实现永乐大业，明成祖一方面把京城从建文帝势力强的南京迁到北京，另一方面派遣郑和出使西洋寻找建文帝。

1433年，郑和第七次远航归来，怀柔政策已收成效，各国已与明廷建立政治、外交关系，来华使节盛况空前[①]。此时建文帝如还在人世，也是近60岁老人，有复辟之心，已无复辟可能，况且明成祖也早已死去。于是，郑和远航的两大政治目的已经消失，远航再没有强大动因。相反由于郑和七次航海不仅没有像后来西欧地理大发现时代的冒险家的远航那样能带来巨额利润，反而使国库空虚。郑和每次出海装载大量金银、铜钱、瓷器、丝绸、棉布、铜器、铁农具、铁锅等，而换来的只是专供皇室和贵族官僚享用的奇珍异宝、珍禽异兽、香料、补药及各种奢侈品。每次远航耗资巨大，从而对老百姓的剥削加重，危及封建统治的基础——自然经济，从而致使郑和航海被统治集团内部的政敌指责为“弊政”，再也无法进行下去。自唐以来，中国远航一直名震海外，但自郑和航海壮举后，反而一蹶不振，让位于西欧。

二、郑和航海是地文导航，不是能跨越大洋的天文导航

在广阔的海洋上航行，需要确定船的位置，这就是导航。导航基本有两大体系：地文导航和天文导航。前者广泛用于近海航行，后者用于远洋航行。郑和航海基本是地文导航体系，而不是跨越大洋的天文导航体系。

①郑和每次出访回国时，就邀请各国使节来中国访问。第三次回国时，随同船队来中国的使节达17国之多。1413年印度古里（今科泽科德）派来的使节和随从人员达1200多人。

（一）传统地平大地观从根本上否定环球航行的可能性

无论是哥伦布向西远航，还是麦哲伦环球航行，其所以能进行，并非纯粹冒险行为，而是和他们本人及其资助者确信大地球形分不开的。只有在地球观的指导下航线设计才产生东行西达、西行东达的结果。由于地球是圆的，世界大洋的水面也是圆的，才能产生向西横渡大西洋可以到达东方的中国和印度的航线设计。这种设想和持续进行的论证，最后鼓舞了哥伦布闯入神秘的大西洋。

但是在中国古代，地平大地观却根深蒂固。古代统治者习惯把中原地区当作世界中心，把以中原为中心建立的国家称为中国，皇帝自称天子，而视周围世界为蛮荒之地，并依离王都远近分划世界。与这种把中原作为世界中心的政治观念相适应的只能是地平大地观。在中国古代，所有有关大地形状的科学技术领域，如测量、地图、航海、潮汐等，都是从地平观念出发来提出问题、讨论问题和解决问题的。元代有大地球形观传入中国。阿拉伯天文学家扎马鲁丁在中国制造了地球仪，直观地表示了大地球形。但并没有对中国地理学（乃至天文学）产生影响，只是作为一件趣事载入《元史·天文志》。近代一些学者又力求证明中国古代也有大地球形观，但证据乏力。即使有所谓的球形观，也只是一个浮在大洋上的陆球，在水下一半是无法居住人的。无怪乎中国古代始终没有出现有关“对蹠地”之争。显然地平大地观不会产生环球航行，更不会讨论东行西达、西行东达的航路。在研究郑和七下西洋的文献中，至今未发现郑和船队有过向东穿越太平洋绕到西洋去的迹象。

（二）大比例尺制图系统很难绘制世界地图指导环球航行

对于一个要亲自远离陆地，闯入神秘海洋去寻找新大陆的航海家，只知道大地球形还远远不够的。他需要大范围小比例尺的世界地图，制订可行计划，指导环球航行。

古代中国和古代希腊在地图学上都有着灿烂的成就，但两者发展方向不同。古希腊有着为远航服务的大范围小比例尺地图，这类地图的目的在于正确标示陆地之间、海港之间的正确位置（即地图的数学要素）。海洋茫茫无固定地物可作标志，因此用经纬度测定船舶、航线、目的港的正确位置并把它们标

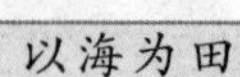

绘在航海图上，似乎是远航的有效方法。为了避免地面曲率引起的制图误差，采用地图投影是有效方法。所以古希腊制图系统中，普遍采用经纬度和地图投影法。

中国地图学的发达早于古希腊，也有较高水平，但属另一种制图系统。这些图主要是小范围大比例尺地图。这类以陆地为主的地图因有丰富的地物标志，可以用平面测量法保证精度。图幅范围又不大，地面曲率造成的制图误差可以忽略不计，所以没有必要测定经纬度和地图投影。所以中国古代不发展世界地图，事实上也没有世界地图。

根据纬度、地球大小（主要是基本纬圈）和已知世界的世界地图，就必然要并且也可能对地球的未知世界部分进行较科学的猜测，从而对地理大发现有着推动作用。

但是中国古代似乎从来没有从科学上来论证未知世界的存在，也没有提出向东横越太平洋到西方国家去的设想。郑和远航虽有七次，但没有一次有向东闯入太平洋去往西洋的考虑，而都是沿着中国和亚非国家的传统路线航行。

中国古代航海主要靠对景图。对景图上的航向与实际不符，距离也与实际不成比例，缺乏地图数学要素，所以严格讲，对景图只是航线逐段的确认和线路的图示，不是地图，也不是中国传统的小范围大比例尺地图。至于《郑和航海图》理应是最先进大范围小比例尺的图。但实际上是对景图。这是因为郑和航海虽然距离很长很远，但基本也是近海航行，有众多山形、水势等地文导航。而且各段基本是传统航路，有着传统的对景图导航，所以也没有必要采用天文导航体系。至于《郑和航海图》最后有几幅牵星图用于横渡印度洋，但这几幅牵星图究竟是中国的还是阿拉伯的学术界没有定论。近期有学者提到，郑和船上可能聘请有“番火长”[①]即外国导航员。

综上一、二两部分可知，伟大的郑和航海显示了中国有强大的远航能力。但是由于在动因、大地观、地图等方面原因，明初的中国远远不具备西欧人完成地理大发现那些得天独厚的条件。所以，中国人未能去完成地理大发现。

①刘义杰在《火长辨正》中指出：“火长是航海罗盘发明之后对掌握航海罗盘这一工具的专职人员的称谓……火长在海船上至少有一正一副的配备，还可按航行海区的情况配备多达8人的火长。火长不但向外传播导航技术，同时也通过聘请番火长学习天文导航技术。”

三、孟席斯的郑和环球航行新论没有铁证

从理论上看，郑和船队不可能去美洲，更不可能去环球航行。但是实际的历史是复杂的，不能排除偶然性。但孟席斯关于郑和环球航行的新论并非指这类偶然事件。

2002年，英国海军退役潜艇军官、航海史学家孟席斯（Gavin Menzies）历时14年收集资料，提出惊人理论：郑和船队早在哥伦布前72年就航行到美洲；早在达·伽马前77年就绕过好望角；早在麦哲伦前一个世纪就完成了环球航行；早在库克前350年就到达澳洲。孟席斯的新理论震惊了世界，新闻媒体纷纷报道，但学术界则保持谨慎的怀疑。

我们于1983年就发表《郑和航海为什么没有导致中国人去完成地理大发现？》[①②]，已经从“软弱的动因”“狭隘的大地观”“传统地图的缺陷”三方面进行了充分的论证。我们对论证十分有信心，所以又发表论文《孟席斯的郑和环球航行新论初评》[③]，同时发表有关报告，并在孟席斯在中国社会科学院考古所作报告时将论文稿亲自送给他，请他给予指正[④]。说实话，尽管我不同意他的新论，但我认为他并非哗众取宠，而是做了大量调查研究工作。所以，我又相继发表《孟席斯推动郑和航海史研究进入一个新阶段》[⑤]《“孟席斯新论”的正面意义》两文[⑥]。

---

①宋正海、陈传康，《郑和航海为什么没有导致中国人去完成地理大发现？》，《自然辩证法通讯》，1983年1期。

②Song Zhenghai and Chen Chuankan, Why did Zheng He's Sea Voyage Fail to Lead the Chinese to Make "Great Geographic Discovery"?, Boston Studies in the Philosophy of Science, Vol.179 (Fan Dainian and RobertS. Cohen ed., Chinese Studies in the History and Philosophy of Science and Technology, Kluwer Academic Publishers, 1996), pp.303－314.

③宋正海，《孟席斯的郑和环球航行新论初评》，《太原师范学院学报》，2002年1期（总1期）。

④我先后于2002年7月在“天地生人学术讲座”第495讲，作了“郑和航海与地理大发现——初评孟席斯的郑和环球航行新论”的报告；8月在“第5次全国海洋文化研讨会”（广东阳江）上又作了汇报，提交了15000字的评论稿；12月在国家海洋局、中国社会科学院考古研究所举办孟席斯报告会讨论中，向他提了自己的不同观点，并赠送了长篇评论稿。

⑤宋正海，《孟席斯推动郑和航海史研究进入一个新阶段》，《中国中外关系史学会通讯》总18期（2003年10月）。

⑥宋正海，《“孟席斯新论”的正面意义》，《科学时报》，2005年7月11日。

但从学术上看，我是坚持上述一、二两节观点的。同时，我在这里也要指出，孟席斯新论所依据的一些具体材料并非铁证：

（1）郑和下西洋的档案虽遭到销毁，但仍遗留下不少史料、遗迹。除了正史、碑记等，目前记录郑和下西洋过程国家的主要是郑和助手们的著作：马欢的《瀛涯胜览》记载19国；费信的《星槎胜览》记载40国；巩珍的《西洋番国志》记载20国；还有《郑和航海图》。所有这些重要文献均没有记载航行美洲和环球航行的事。郑和船队如到达美洲和作了环球航行，这在当时必然是震动朝野、震惊海内外的大事。但为什么至今国内外所知重要文献中，没有发现任何迹象。

（2）孟席斯强调说，哥伦布到达美洲时曾遇到了中国人，还发现有中国古代的手工艺品。我们认为要用此材料来证明郑和船队到达美洲是困难的。中国学术界有关中国人在远古时期就到达美洲的事已有较多研究。郭沫若、周谷城等历史学家，贾兰坡、吴新智等古人类学家，安志敏等考古学家均提到过，以山顶洞人为代表的古华北人是美洲乃至澳洲、南太平洋群岛土著的祖先。王大有提出过“远古环太平洋龙凤文化圈”，认为居然在生产力十分低下的远古时期，中国人已到达美洲。那么在其后的漫长历史时期中，中国人去美洲的可能性就更大。何况中国学术界早就提出过殷人东渡美洲、晋代僧人慧深到达美洲等论点。所以即使哥伦布到达美洲时遇到的的确是中国人后裔，也不能说明这些人就是郑和船队随员的后裔，这需要更直接的证据。

孟席斯说，在加勒比海底有9条中国沉船。如确是中国船，则在巴拿马运河开凿前，这确可以证明这些船是由东向西绕过好望角到达美洲的。但要说这些是郑和船队的船，就需要更直接的证据。

(3)孟席斯说，他发现第一张整个世界的航海图出现于地理大发现时代之前的1428年，北美洲大陆、南美洲、澳大利亚、新西兰，以及整个太平洋都清晰地出现在图上。孟席斯认定，这张图只能是有着大规模航海活动的郑和船队所绘制，但这仅是简单推测而已。他进一步认定，哥伦布等航海家进行远航的时候，并非漫无目的地四处游逛，而是依据这张图的。根据这张图，他们在出发前就对目的地的航路进行了规划。这里涉及一个关键性问题：哥伦布使用的地图是否已绘有美洲，航行时是否已知道有美洲大陆的存在。近500年来已有许多历史学家对此进行过认真研究，基本结论是哥伦布到达美洲后，也不知道此大陆是一块新大陆。甚至1506年5月4日哥伦布的临终遗言中也是这样写："圣灵佑助，我获得了并后来彻底明白了一种思想，就是从西班牙向西航行，可到达印度。"许多哥伦布的传记作家均认为哥伦布自始至终坚信自己到了印度大陆，并对新大陆不以哥伦布名字命名而表示惋惜。

（4）孟席斯推论，当时唯一有能力绘制出这种包括有美洲的整个世界的航海图，只能是中国人，因为中国有规模巨大的郑和航海。孟席斯不知道，中西地图系统是有本质差异的。中国地图系统是小范围大比例尺技术系统，没有经纬度和地图投影，故不可能绘制出正确的世界地图。从目前考古研究看，确实没有发现中国古代有世界地图。现存的《郑和航海图》确实水平很高，但不是包括有"整个世界的航海图"，是从南京出发最远到东非的肯尼亚，不涉及大西洋和美洲，也没有反映澳洲。同样《郑和航海图》主要是用于地文导航的对景图，没有经纬度和地图投影。

（5）郑和航海如果进行了环球航行，则必然对中国传统的地平大地观以沉重冲击。但在明清，当西方地圆说传入中国从而引发两种地球观的激烈斗争时，这种冲击现象未见反映出来。

四、郑和船队有可能绕过好望角到达西欧，但世界历史格局不会改变

孟席斯新论之一，是郑和船队在1420年已绕过好望角到达佛德角群岛。我们认为这一观点是较可信的、值得重视，并希望他能早日公布确凿证据。

就郑和船队航海能力而论，无疑比绕过好望角来往于西欧和印度的达·伽马船队强得多。郑和第七次航海，船62艘，27800人；达·伽马航海，船仅4艘，170人。与达·伽马船队比较，郑和船队还有人们通常忽视的其他条件：（1）与达·伽马船队野蛮掠夺相比，郑和船队与当地关系始终很好。故航海需要的淡水和导航员等均能得到当地充分的帮助。（2）郑和航海不是以经济为目的，所以不可能被当时垄断了印度西岸和非洲东岸贸易的阿拉伯商人视为商敌。相反，自唐宋以来，阿拉伯商人一直在中国的港口贸易中获得巨利。他们对中国朝廷友好，对郑和船队自然是欢迎的。（3）郑和是回教徒，出身于

回教世家。郑和七下西洋主要目的应是与回教国家恢复传统友好关系。（4）达·伽马及其最重要副手均是“平庸无奇的贵族”。郑和则是学识丰富，精明能干的人。他出身平民，全凭建立了赫赫功勋，才成为皇帝的宠臣。所以早在1995年，我们就提出“郑和船队完全有实力绕过好望角到西欧”①。

英国《每日电讯报》报道，孟席斯曾“意外地看到1459年的地球平面图，其中包括了非洲南部和好望角”。“当时达·伽马还没有‘发现’好望角可以作为海上航道，但是图上的附注却用中世纪腓尼基语记载着1420年的一次经好望角去韦德岛的海上航行，而且画了中国帆船的图片”。我们认为这条史料与更早报道过的一条类似史料可相互印证。1984年中国一篇论文曾报道：“从威尼斯制图家弗拉·毛罗于1459年绘制的世界地图上的2次注记，显出中国帆船（Junk）以印度马拉巴和马尔代夫为基地，在1420年以后2次向南作长途航行。另一次，在索法拉角（Cape Sofala）和绿岛群岛之外，南下的中国帆船先西南，再转向西方航行了4000海里才返航。这次航行被航海史家认为已经越过南非的南端到达好望角附近的海域，是中世纪历史上首次记录的由东而西绕过南非进入大西洋的航行……展示了在1486年葡萄牙人巴托络缪·迪亚士抵达好望角以前的80多年，中国航海家已从东方作出了在航海史上同样具有远见的壮举。”②③这两条史料在“1459年地图”“注记”“中国帆船”等方面的描述是相同的，故可能是指同一幅中世纪地图。

郑和船队绕过好望角后，由于中国传统导航技术是地文导航，所以如果继续前进，则很可能沿非洲西海岸北上。这次北上，究竟到什么地方是有待研究的。孟席斯提到佛德角群岛，我们也认为有可能的，还可能更北些到达加那利群岛。但没有再往北到达马德拉群岛，更没有到达西欧的。这是因为1419年葡萄牙亨利王子在伊比利亚半岛西南方的沙格勒斯创办了航海研究所，开始了航海和地理发现的研究，并在此之后40年中派出一支又一支探险队沿非洲西海岸不断向南。这一切为后来的地理大发现打下了坚实的基础。亨利船队1420年发现了马德拉群岛，便将此岛作为他们向西非探险的重要基地。在当时，位于

---

①宋正海，《科学历史在这里沉思——郑和航海与近代世界》，《科学学研究》，1995年3期。

②沈福伟，《中华文史论丛》，1984年4辑，第9～10页。

③引文中说的“南非的南端”应为瓦加勒斯角，约东经20度。好望角则在它西边，为东经18度30分。又，引文中说的“80多年”有误，1420年与1486年相距只66年。

马德拉群岛之南的加那利群岛尚未被西欧人发现。至于亚速尔群岛，虽然在郑和最后一次航海结束前的1432年被葡萄牙发现并逐渐占领，但此群岛远离西欧海岸，并在马德拉群岛的西北方，所以郑和船队1420年到达此岛，则必然与亨利船队相遇。这对正苦苦探索绕过地中海由西欧去东方新航路的葡萄牙、西班牙、英、法等西欧各国是个求之不得的意外收获。葡萄牙乃至整个西欧必然为强大的郑和船队和船队携带的丰富的物品所倾倒，从而更加向往《马可·波罗游记》所描绘的神话般的东方世界财富。于是他们必然派船随郑和船队来到中国。于是东西方的新航路开辟了，地理大发现从此开始。新航路提前几十年的开通，必然引发重大的历史变动：

（一）郑和船队如到达西欧，郑和将替代达·伽马成为地理大发现的英雄

如果郑和船队的到来，必将使得亨利王子惊喜交加，惊的是《马可·波罗游记》中描绘的东方神秘国家的庞大船队如今不远万里来到西欧。巨大壮观的郑和船队能使远航尚处于起步时期的沙格勒斯航海研究所的船队相形见绌，让人大开眼界。喜的是亨利及西欧航海家们苦苦探索的绕开地中海的新航路，如今已经找到。正所谓“踏破铁鞋无觅处，得来全不费工夫”。

作为高瞻远瞩的杰出政治家亨利并不贪图船队所载的财富，而着眼于《马可·波罗游记》所描述的以及郑和船队所彰显的取之不尽的东方财富。因此必然利用这个机会与中国建立友好联系，并必然派使臣随郑和船队到中国，彻底弄清经好望角由西欧到中国的航线。考虑到葡萄牙使者自中国返航时有困难，并进一步弄清航线，亨利也完全可能派遣葡船随郑和船队到中国进行友好访问，随后尽快返回沙格勒斯，详细汇报航线情报，同时也带回中国先进的航海技术和财富信息。

如果郑和船队到达了西欧从而开辟了由东方直达西欧的海上航线，那不可能再产生半个世纪后的达·伽马自欧洲绕过好望角到达印度的航路事件。由于绕过好望角到达中国、印度航路的发现，不是葡萄牙人而是中国人，葡萄牙人对此新航路没有专利权，所以历史上也不会再出现划分葡、西海上势力范围的1480年托利多条约和1494年托德西拉斯条约。西班牙以及资本主义开始崛起的其他国家也必然开始与葡萄牙争夺这条郑和开辟的航线，拥向东方去“发

现”东方各国，寻找黄金、香料和珍珠。相对地，向西绕过大西洋到达东方的探索，由于投资大、风险高而暂时搁置下来，西班牙王室暂时不会支持哥伦布、麦哲伦航行。因此，对美洲的发现和环球航行必然要大大推迟。如果推迟20年，则哥伦布、麦哲伦已是花甲老人，自然规律已不允许他们从事开拓冒险事业。因此，他们二人也不会再是历史上赫赫有名的地理大发现的英雄。

（二）郑和船队如到达西欧，西欧资本主义会提前崛起，中国等东方国家也将提前殖民地化

中国古代有着多方面的科技成就，但当时中国没有使这些成就迅速转化成为经济发展的生产力，但传到西方后却得到重视，迅速发展完善，有力地推动了西方资本主义的崛起。如中国的火药在国内很长时间主要用于烟花爆竹、驱神送鬼，但在西欧则成为资产阶级打垮封建政权的有力武器。又如中国的指南针在中国更多的是用于看风水，虽然在航海中也应用，但中国航海主要是近海航行，有众多的地物可直接用于导航，指南针只是地文导航的一种补充，故罗盘技术改进很慢。而在欧洲罗盘要引导海船横渡大洋，使资产阶级走遍天涯海角，进行血腥的资本原始积累。故罗盘技术性能要求高，发展也快。同样道理，郑和航海即使发现绕过好望角的西欧印度航线，也与中国发明的火药、指南针等在中国本土的命运是一样的并不乐观。

史学界一般认为，中国资本主义萌芽在郑和之后约100年的明中叶嘉靖、万历年间。在郑和航海的时代，不仅商品经济尚不发展，而且抑商国策十分强盛，海禁也在明初开始。所以即使郑和船队发现了新航路，由于中西远航有着本质不同，郑和航海仍不会给中国带来资本的原始积累。郑和航海之所以在短时期进行7次远航，是有强大的政治动因的，但到1433年后，原有的政治动因或已完成或已消失，再无动因可言。自汉唐以来，中国远洋航行十分发达，但郑和下西洋后，突然偃旗息鼓，其实是不可避免的。

在西欧则完全是另一种情况。郑和的新航路发现必然使正苦苦探索此新航路的西欧冒险家们为之振奋，从而迅速涌入东方各国从事殖民活动，进行资本原始积累。他们决不因为此航线是中国人发现而在中国等东方国家面前收敛起贪婪之心变得温良谦让。被黄金、香料驱使的西欧冒险家在掠夺财富时的贪婪和残酷本性必然充分表现出来。他们的提前到来照样给东方各国人民带来被侵略、被奴役、被剥削的无穷苦难。所不同的是这种苦难降临得更早。西方冒险家的到来，将使当时正受倭寇侵扰的中国沿海地区雪上加霜，倭寇和红毛寇共同为患，中国老百姓不堪忍受。在这种形势下，中国海防自然要加强，海禁也更严厉。但落后的封建主义中国是不可能打败新兴的资本主义西欧海盗的。在船坚炮利的西欧军舰攻击下，中国海防将全线溃败，割地赔款不可避免。在这种形势下中国资本主义更无法发展起来。其他东方国家命运也大都如此。可以估计，中国等东方国家将提早十几年或几十年沦为西方资本主义国家的殖民地、半殖民地。

（三）郑和船队如到达西欧，美洲的发现要推迟，但印第安帝国的毁灭在劫难逃

如果郑和绕过好望角发现了新航线，那么接待郑和船队的亨利王子从国家利益出发，自然要保守秘密的。但东方船队突然出现在西欧沿海的特大新闻根本不能成为葡萄牙人的秘密，消息必然不胫而走，迅速传遍欧洲许多国家。当时资本主义的西班牙，乃至英国、荷兰等国的统治者均不会把新航线的好处拱手让给葡萄牙人。很可能他们当时就千方百计与郑和船队接触并邀请他们去自己的国家访问。而推行怀柔政策的郑和船队只要时间允许也完全可能去访问的。为了掌握新航线，为了弄清中国等东方国家的财富和海防虚实，西班牙等国也都会要求随郑和船队来中国朝见大明皇帝，甚至也要派船随郑和船队到中国来。

西班牙等国统治者了解到绕过好望角去东方航线后，自然要全力以赴与葡萄牙等国在此航线上进行竞争，因此自然不会首先考虑并探索横渡神秘的大西洋，这是舍近求远、舍易就难的蠢事。由于郑和航海的具体政治目的以及中国传统地平大地观，所以郑和航海根本不可能考虑（事实上也从未考虑过）向东闯入太平洋到达西洋各国去。在这另一条东西航线开辟上，中国人不会帮助西欧人去开辟的。综上可知，西欧各国统治者是不会支持哥伦布计划的。没有了哥伦布发现新大陆，自然也没有相继的麦哲伦环球航行。所以西欧对美洲的发现和殖民活动必然要大大推迟。

如果郑和船队到了西欧，则尽管世界史格局变化不大，但地理大发现的编年史内容将与现在人们熟悉的大不相同。但是美洲的发现是必然的，并且这

是处于原始积累阶段的欧洲冒险家的发现，所以对美洲的掠夺仍是十分残酷的，印第安帝国的消亡及其灿烂文明的衰落仍是在劫难逃的。

参考文献

[1]中国古潮汐史料整理研究组.中国古代潮汐论著选译[M].北京：科学出版社，1980.

[2]戴裔煊.明代嘉隆间的倭寇海盗与中国资本主义的萌芽[M].北京：中国社会科学出版社，1982.

[3]宋正海，陈传康.郑和航海为什么没有导致中国人去完成“地理大发现”[J].自然辩证法通讯，1983（1）.

[4]张震东，杨金森.中国海洋渔业简史[M].北京：海洋出版社，1983.

[5]中国科学院自然科学史研究所.中国古代地理学史[M].北京：科学出版社，1984.

[6]陆人骥.中国历代灾害性海潮史料[M].北京：海洋出版社，1984.

[7]中国社会科学院考古研究所.新中国的考古发现和研究[M].北京：文物出版社，1984.

[8]宇田道隆.海洋科学史[M].金连缘译.北京：海洋出版社，1984.

[9]孙光圻.中国古代航海史[M].北京：海洋出版社，1989.

[10]宋正海，郭永芳，陈瑞平.中国古代海洋学史[M].北京：海洋出版社，1989.

[11]宋正海，郭廷彬，叶龙飞，等.试论中国古代海洋文化及其农业性[J].自然科学史研究，1991（4）.

[12]章巽.中国航海科技史[M].北京：海洋出版社，1991.

[13]宋正海，陈民熙，张九辰.中西远洋航行的比较研究[J].科学技

术与辩证法，1992（3）.

[14]宋正海，等.中国古代重大自然灾害和异常年表总集[M].广州：广东教育出版社，1992.

[15]宋正海.东方蓝色文化：中国海洋文化传统[M].广州：广东教育出版社，1995.

[16]宋正海，孙关龙.中国传统文化与现代科学技术[M].杭州：浙江教育出版社，1999.

[17]宋正海，高建国，孙关龙，等.中国古代自然灾异相关性年表总汇[M].合肥：安徽教育出版社，2002.

[18]徐鸿儒.中国海洋学史[M].济南：山东教育出版社，2004.

[19]于运全."以海为田"内涵考论[J].中国社会经济史研究，2004（1）.

[20]郑和下西洋600周年筹备领导小组.郑和下西洋研究文献：1904－2004年[M].北京：海洋出版社，2004.

[21]宋正海.潮起潮落两千年：灿烂的中国传统潮汐文化[M].深圳：海天出版社，2012.

索　　引

（按汉语拼音顺序排列）

A

B

C

D

E

F

G

H

J

K

L

M

N

O

P

Q

R

S

T

W

X

Y

Z